# 20几岁，思路决定出路

徐林◎编著

中国纺织出版社

## 内 容 提 要

我们的成长之路、人生之路永远不可能一路通达，总会遇到一些问题：当你经年的埋头苦干，却依然找不到努力的方向时；当你想要改变现状，却不知从何做起时，你亟需一个正确的思路，让你可以快速而有效地解决这些问题。

本书立足于20几岁的年轻人视角，为读者打开一个全新的人生思路，打破墨守成规，勇敢创新和突破，灵活地应对生命中的各种难题。正所谓“思路决定出路”，能够拥有自己的思维模式的人，也必将先他人一步做出更好的选择，顺利达成梦想，拥抱成功。

**图书在版编目（CIP）数据**

20几岁，思路决定出路 / 徐林编著. — 北京：中国纺织出版社，2017.8（2023.10重印）
ISBN 978-7-5180-3214-3

Ⅰ. ①2… Ⅱ. ①徐… Ⅲ. ①成功心理—通俗读物 Ⅳ. ①B848.4-49

中国版本图书馆CIP数据核字（2017）第016581号

---

责任编辑：闫 星　　　责任印制：储志伟

---

中国纺织出版社出版发行
地址：北京朝阳区百子湾东里A407号楼　邮政编码：100124
邮购电话：010—64168110　传真：010—64168231
http：//www.c-textilep.com
E-mail：faxing@c-textilep.com
新乡市龙泉印务有限公司印刷　各地新华书店经销
2017年8月第1版　2023年10月第4次印刷
开本：710×1000　1/16　印张：14
字数：235千字　定价：78.00元

---

# 前言
PREFACE

对于思路、思维这样的词语我们并不陌生，成功者无一不具有卓越的思维能力，而失败者总是受困在思维的牢笼中举步维艰。哲人说，在每一个命运的拐点，都隐藏着一次思维之旅；思维造就思路，思路决定出路。

一个人贫瘠的思想土壤上，长不出参天的大树。当思维的花朵竞相绽放时，成功自会向你走来。

好的思维，会使人生旅途充满亮光，每一种好的思维方式，都是生命历程中一盏发光的明灯。

俗话说得好，“思想是行动的先导，你拥有怎样的思维方式，就会采取怎样的行动，这也就决定了你的命运之路”，你现在怎么想往往会决定你将来怎么做，而不同的做法决定不同的收获和不同的结局。一个人能否成功，在很大程度上就是看他的思维方式是否正确，在中国的历史上，不乏这样的例子。比如，我们熟知的“司马光砸缸”的故事，同样是救人，如果当时年幼的司马光不是想到用石头把缸砸破，而是自己爬到缸口试图拉拽缸里的孩子，或者跑到外面找大人来救人，那么很可能掉进缸里面的孩子已经溺毙了。所以说有正确的思维才会有正确的结果，思维对了，事情才能做成。

在现今时代亦是如此。诚然，高学历、高智商是取得成功的重要因素，但是真正使你能够踏上成功之路的还是你的思路。当我们遇到困难的时候，没有思路就不能解决好问题；当我们完成了一个小目标的时候，没有思路就不能发现更加宏大的目标；当我们遇到喜欢的人的时候，没有思路就不能够表现出自己的优势从而吸引对方；当我们遭遇选择的时候，没有思路就只能在岔路口徘徊，找不到正确的方向……思路是打开成功大门的钥匙，思维对了，你便可在成功的路上稳步前进，做成自己想做的任何一件事。

好思路好出路，成功没有定式，优秀可以复制，从思维入手，你可以找到改变自己人生和命运的终极力量！

任何成功的背后都有一个正确的过程和方法，更有一个正确的思路。人们在习惯于常规思维的同时，学习和训练多种科学的思维方式，会使自己的思维更活跃、头脑更聪明，进而在解决面临的困难和诸多问题时，才会有更好的办法和更多的选择。这也是本书要讲述的核心内容。本书通过对借势思维、多角度思维、创新思维、换位思考等多种思维方式的细致阐述，引导读者培养正确的思维方式，寻找成功的思路。本书列举了大量浅显易懂而又意义深刻的故事，能够帮助读者开拓思路，提高处理、解决问题的能力，希望读者在阅读本书时有豁然开朗之感，从而把握住机遇，开启成功之门。

编著者

2017年1月

# 目录
CONTENTS

# 第01章

## 卓尔不群，20几岁和大多数人想的不一样

### 改变命运从改变想法开始

在任何关键的时候，正确的想法都是解决问题的唯一途径。思考的危机，很可能决定了一个人一生的危机。做任何事情最忌讳的就是盲目行动，如果你在行动之前，能够认真思考，想出最恰当的方法，那你就能有更大把握做成自己想做的事。

想法是大脑的活动，人的一切行为都受它的指导和支配。想法虽然看不见、摸不着，但它真实地存在着。有什么样的想法，就会有什么样的命运。如果你的想法和自信、成功、乐观联系在一起，那么你会有一个圆满的人生；如果你总是想到自卑、失败、忧愁，那么你的命运也不会好到哪里去。

一个人想在事业上取得一定的成就，光靠一些老想法、老套路是很难成功的。当你站在一条已经有无数人走过的路上，遥望着难以企及的目标时，你就应该早点觉悟，转变想法去寻找另一条更近更省力的新

路，而不要倔强固执地在这条困难重重的老路上浪费时间。

有人经常说："我忙得没有时间去想。"然而，就是"没时间去想"这五个字，却成为成功与失败的分水岭。平庸的人只知道"埋头拉车"，而成功的人却能"低头去想"，为事情的解决想出最好的方法。其实，所有伟人的成就在开始时都不过只是一个想法罢了。

19世纪中叶，英国加利福尼亚州兴起了淘金热，淘金的人蜂拥而至。有的人发财了，但也有很多人血本无归。前来淘金的人中有一个叫亚默尔的年轻人，一个偶然的机会使他发现在这里要喝到水很困难，独具慧眼的他立即意识到这是一个很大的商机。他想：我来这里是为了什么？是为了淘金，但淘金是我的目标吗？不是，淘金只是手段，我的目标是赚钱，既然不淘金更能赚钱，为什么还要去淘金？于是他放弃了淘金，做起了卖凉水的买卖。

刚开始做的时候，有人嘲笑他说："千里迢迢来这里，不抱西瓜却捡芝麻，真是可笑之极。"但他不为所动，最后靠着卖水，在很短的时间内就赚了8000美元。当不少淘金者还在挨饿的时候，他已经完成了原始资本的积累。后来，他一跃而成了美国有名的商业巨子。

从根本上讲，方法是"想"出来的。只有敢"想"、会"想"的人，才会成为成功者的候选人。作为一个成功者，就应该善于转换想法，把别人难以做成的事做成，把自己本来做不成的事做成。当别人失败时，如果你可以从他人的失败中总结经验，得出正确的想法，并付诸行动，你就可能成功。当你自己失败了，如果你能够吸取教训，把思想转换到正确的想法上，再付诸行动，你同样可以获得成功。

人们总是很容易陷入到固有的思维模式里去，有时候明明某种想法对解决问题没有很好的效果，却非得按照常规去做，结果白白地耗费了时间和精力。人一旦形成了习惯的思维定式，就会习惯地顺着固有想法思考问题，不愿也不会转个方向、换个角度想问题。很多人都有这样愚顽的"难治之症"，所以走不出宿命般的可悲结局。

其实，在这个时候最需要做的应该是改变自己的想法，哪怕改变只是很小的一点，也可能起到很好的效果。而在许多人生的转折点，一旦能调整思路，换个想法，也许就可以看到许多别样的人生风景，甚至可以创造出人生的奇迹。

在一眼望不到尽头的大海上，一艘远洋海轮不幸触礁沉没了。八名船员奋力与海水搏斗，终于登上一座孤岛，才得以暂时脱离危险。但接下来的情形更加糟糕，岛上除了石头，还是石头，没有任何可以用来充饥的东西。更让人不堪忍受的是，在烈日的暴晒下，每个人都口渴难耐，缺少可以饮用的淡水成为困扰他们的最大难题。

等啊等，没有任何下雨的迹象，除了海水还是一望无边的海水，没有任何船只经过这个死一般寂静的小岛。渐渐地，其中的七名船员因为支撑不下去，相继渴死在孤岛上。

当最后一名船员快要渴死的时候，他想，与其像其他船员那样渴死在孤岛上，不如就尝尝这海水的味道，说不定这里的海水能喝，可以救自己一命。于是他扑进海水里，“咕嘟咕嘟”地喝了一肚子。这名船员喝完海水，一点儿也感觉不出海水的咸涩，相反，他觉得这海水又甘又甜，非常解渴。于是他每天就靠喝这岛边的海水度日。有了海水的补给，这名船员继续同命运抗争着，终于被过往的船只解救了。

后来，人们化验这里的海水发现，由于有地下泉水的不断涌出，这里的海水实际上是可口的甘泉！

谁都知道“海水是咸的”，根本不能饮用。七名船员就是因为脑海里存有这样的生活经验和思维定式，所以不敢去突破，不敢去做新的尝试，结果活活渴死了。只有最后一个船员大胆地改变了想法，终于打破了思维的旧框架，从而救了自己一命。

如果一个人的想法老停留在某一个点上，就永远无法开拓自己的视野和思路。你应该经常将眼光放远，产生一些新的想法。当然，你在想象的同时，应该把焦点指向一个全新固定的目标。否则，极容易将自己的思路陷入空想和妄想之中，这样也会阻碍你创造力的发展。

人活一世，生存环境不断变迁，各种事情接踵而来，因循守旧是无论如何都行不通的。生活中有一些人总是失败，就是因为他们按图索骥、过于墨守成规，从而把自己的道路堵死，结果导致自己寸步难行。其实一些旧想法、旧规矩都是可以打破的，只要我们做事灵活而不失原则，这样就能符合时代的变迁和社会的发展。

对于敢“想”、会“想”的人来说，这个世界上不存在困难，只存在着暂时还没想到的方法，然而方法终究是会想出来的。所以，会转换想法的人只有一个归宿，那就是成功。

## 雄心是所有奇迹的萌发点

有心理专家研究表明，雄心是成功的关键因素。对于一个人来说，雄心壮志是永恒的特效药，是所有奇迹的萌发点。世界各地几乎所有的富人都承认：没有雄心就没有今天的财富。

人没有雄心终不能成大事。美国加利福尼亚大学的心理学家迪安·斯曼特研究发现，雄心是人类行为的推动力。

某些人之所以被称为失败者，很可能是因为他们缺乏雄心。他们所追求的只是一种惊世且过的生活，有的人甚至只要温饱就行，这就恰恰使他们一辈子一事无成。当拥有了最基本的物质生活保障时，他们就会停滞，不思进取，用懒惰的态度去面对生活，从而让他们失去人生路上进步的动力。

是的，有些人就是缺少一些欲望、一些雄心，缺少的就是敢想、敢做的精神。一个没有欲望的人，他也许是一个甘于淡泊的好人；一个没有雄心的人，他也许是一个踏实诚恳的人。但是，要想取得成功，还是需要点雄心和动力。

巴拉昂是一位年轻的媒体大亨，以推销装饰肖像画起家，在不到10

年的时间里，迅速跻身于法国50大富翁之列。1998年，巴拉昂因前列腺癌去世后，法国《科西嘉人报》刊登了他的一份遗嘱。他说："我曾是一位穷人，去世时却是一个富人。在去世前，我不想把我成为富人的秘诀带走，现在秘诀就锁在法兰西中央银行我的一个私人保险箱内，保险箱的三把钥匙在我的律师和两位代理人手中。谁若能答对'穷人最缺少的是什么？'这个问题，就能猜中我的秘诀，他将能得到我的祝贺。当然，那时我已无法为他的睿智而欢呼，但是他可以从那只保险箱里荣幸地拿走100万法郎，那就是我给予他的掌声。"

遗嘱刊出之后，《科西嘉人报》收到大量的信件，人们寄来了自己的答案。在48561封来信中，人们的答案各不相同：绝大部分人认为，穷人最缺的是金钱；还有一部分人认为，穷人最缺少的是机会，一些人之所以穷，就是因为没有遇到好时机；另一部分人认为，穷人最缺少的是技能，一些人之所以成为穷人，就是因为学无所长；另外还有一些其他的答案，比如说穷人最缺少的是漂亮，是皮尔·卡丹外套，是《科西嘉人报》等。

有一位叫蒂勒的小姑娘猜对了巴拉昂的秘诀，她的答案很简单：穷人最缺的是雄心！即成为富人的雄心。

一语道破天机，可是谁能想得到答案竟是如此简单！穷人表面上最缺的是金钱，本质上最缺的却是雄心。不论处在什么样的社会环境中，只有树雄心、立壮志，才能干出一番轰轰烈烈的事业。有了崇高的目标，就会产生进取心，奋发图强，有雄心，也有竞争性，因而在事业上也较为成功。一切就是如此简单。

拿破仑在军事院校就读时曾立誓要做一名卓越的统帅并吞并整个欧洲，由此他的勃勃雄心可见一斑。在学校期间，他将自己定位在一个很高的标准，严格要求自己，最终以优异成绩做了一名炮兵，开始了他的霸业之旅。成吉思汗扬言大地是他的牧场，有雄鹰的地方就有他的铁骑，这造就了成吉思汗时代。翻开历史史册，名垂青史的成功者又有哪个没有雄心？

要知道，人的思考是源于某种心理力量的支持。一个连内心都懒洋洋的人，即使他有什么愿望，这些愿望对他来说也永远只能是漂浮的肥皂泡，甚至连肥皂泡都不算，因为愿望对他并没有什么美好的诱惑力，他也就丝毫没有力量去思考达到愿望的详细步骤。

当人有了某种愿望后，就要去渴望达到或追求实现这些愿望，而不要总是找理由来打击自己的雄心。

在高中的时候，乔丹的教练告诉他说："迈克尔·乔丹，你身高不够高，没有超过180公分。所以即使你球打得再好，以后也不可能进入NBA，我们决定不要你这个球员。"迈克尔·乔丹就跟教练求情说："教练，我可以不上场打球，可是我愿意帮所有的球员拎行李。当他们下场的时候，我愿意帮他们擦汗。请你让我在这个球队，跟这些球员一起练球，这是我要成功的雄心。"教练发现迈克尔·乔丹的雄心的确超过任何人，所以他接受了乔丹的建议。

从那以后，乔丹早上练球，中午练球，下午跟着球员一起练球，晚上还要练球，他比任何人都要努力。最终，他果然如愿以偿进入北卡罗来纳州大学。后来乔丹的父亲讲，他们全家人的身高没有一个人超过180公分。因为乔丹想要成功的企图心，让他长到198公分，长高了20公分。

有句话是这样讲的：如果你把箭对准月亮，那么你可以射中老鹰；但如果你把箭对准老鹰，你就只能射中兔子了。是的，生活需要一些渴望，需要不断展现自己。没有渴望就没有全新的体验，犹如一潭死水，激不起半点涟漪。尽管一生富贵未必就是一种幸运，但一生平淡无疑也是一种遗憾。

生活中，很多人在陌生的城市中打拼了几年，或者在学校里郁闷了多年，发现自己没有了激情和目标。生活中除了无聊和郁闷，似乎没有别的色彩了。每天的生活就是闲聊、发呆、看无聊的电视或沉迷于网络，对自己不懂的东西已经没有任何好奇心了，甚至连十分钟都静不下心来读一本书。

如果这个人就是你，那你该醒醒了，该找回自己的雄心了！也许你并不是这么糟，你仍然有激情和憧憬，有梦想和追求，那么，就好好珍惜，塑造自己的雄心，开始奋斗吧！别等到你的这些激情和梦想损失殆尽的时候再枉自叹息，别等到风烛残年的时候再慨叹不堪回首！

拥有向往成功的雄心，你才能够充满激情地工作和生活；拥有向往成功的雄心，会时刻提醒你去奋斗，引导你去奋斗；拥有一颗奔腾不息的雄心，会时刻助你点燃希望的烛火，时刻让你与众不同！

## 先有超人之思，后有惊人之业

可以说，任何一个有意义的构想和计划都是出自于认真的思考，思想有多远，你就能走多远。思想有力量，你的行动才会更有力量。当思考成为一种习惯时，就意味着思想的独立和深入。当思考成为一种习惯时，更意味着创新的诞生和成功的到来。

思考，并不是科学家、发明家和伟人的专利，普通人同样有思考的能力。那些社会名流、商业巨子为什么能够实现自己的人生价值，并能取得大大小小的成功？答案就是他们有独特的思考技巧。所以，从这个意义上说，人的成就首先是“想”出来的，是在正确思考后，并采取行动干出来的。每一个追求成功的人，几乎都能意识到：思考是打开成功大门的钥匙，都希望自己养成善于思考的好习惯。

但是，在生活中，仍有一些人不会思考，没有养成思考的习惯。特别是当一些成功的经验被定格在“习惯”上之后，一旦面对新问题，他们就会作出消极的反应：不想再做新的思考，一切都显得理所当然，不愿改变现状。

一个养成思考习惯的人，往往不会满足于现状，不会因循守旧，不会迷信经验，不会盲从别人。当他遇到问题时，首先不是去接受别人的观点，而是多问一些“是什么”“为什么”“怎么样”等，有这样的习惯，他就不再只是一个机械的操作者、搬运工。当他习惯了思考、观察、敢于突破条条框框的束缚并寻求新的思路时，成功才会离他越来越近。

美国有一家生产牙膏的公司，产品优良，包装精美，每年的营业额蒸蒸日上。不过，进入到第十三年时，业绩则停滞下来，每个月维持着同样的数字。董事们对此深感不满，便召开会议，以商讨对策。

会议中，有名年轻经理站起来，对总裁说：“我手中有张纸，纸里有个建议，若您要使用我的建议，必须另付我5万元！”总裁听了很生气说：“我每个月都支付你薪水，另有分红、奖励，现在叫你来开会讨论，你还要另外要求5万元，是否过分？”

“总裁先生，这是一个重大又有价值的建议，您应该支付我额外的薪水。若我的建议行不通，您可以将它丢弃，一分钱也不必付。但是，我看您损失的必定不止5万元。”年轻的经理解释说。“好！我就看看它为何值这么多钱！”总裁接过那张纸后，阅毕，马上签了一张5万元的支票给那位年轻经理。那张纸上只写了一句话：“将现在的牙膏开口扩大一毫米。”

试想，每天早上，每个消费者多用一毫米的牙膏，每天牙膏的消费量将多出多少倍呢？这个决定，使该公司第十四年的营业额增加了32%。

诚然，在你的事业中，时时刻刻都会出现机会，也许只需要你稍微变通一下，事情的结果就会不一样。变通有那么难吗？就像这位经理一样，只是将牙膏口增大一毫米。其实，更重要的是，要学会将脑袋“打开”一毫米！

不同的思考方式决定不同的行为目标，思考的技巧将为你创造一种新形象；要想取得突出成绩，思考是你必不可少的。如果你想要取得事业上的进步，那么你要学会丢弃“不可能”“办不到”“多么愚蠢”的消极念头。

将自己的思维和视野努力变得开阔起来，善于从习以为常的事物中发现新的契机，去认识和发现新的事物。

正确巧妙的思考技巧，对成功来说，无异于机器内部的硬件。大多数人并不缺乏知识与才能，但却没有掌握正确巧妙的思考技巧。拿破仑·希尔在遍访当时美国最成功的500多位富翁之后得到一个结论："思考即财富"。中国一位传奇的民营企业家也有句名言："没有做不到的，只有想不到的。"可见我们思考方法的匮乏是妨碍成功的又一大障碍。只要养成善于思考的习惯，就会常常获得意想不到的效果。

日本尼西奇公司是日本著名的生产塑料制品的企业。长期以来，大量生产雨衣、旅游帽、尿垫等产品。但一段时间，由于订货不足，产品销售停滞，导致公司的经济效益很差，企业陷入困境。公司的董事长多川博千方百计地想寻找搞活企业的方法。一个偶然的机会，他看到了一份全国人口的普查报告，报告中说日本每年出生250万婴儿。于是他想：如果每个婴儿用两个尿垫，一年就需要500万条，这是一个非常好的商机，市场前景非常广阔。如果把产品推到国际上，市场效益就更加丰富了。

经过权衡利弊，多川博决定放弃其他产品的生产与销售，专门生产尿垫。刚开始，他的这一举措引起了不少人的非议，但他始终坚持自己的决定，这样生产尿垫的计划开始全面展开。尼西奇公司由于大力发展尿垫和尿布新产品，在日本全国建立了很多营业所，并与数以千计的批发零售商建立了供销关系，很快便垄断了日本的尿垫市场。接着，他又把目光投向了国际市场，尿垫产品远销西欧、美洲、大洋洲及东欧一些国家，年销售额达70亿日元。今天，尼西奇公司是世界上最大的尿垫公司。

会思考的人都有一双慧眼，都比别人多一个心眼。很多成功人士都是事业、生活中的有心人。有心人往往勤于观察，善于发现，乐于思考。当一些人从生活中发掘了致富信息，并获得成功后，有些人就会顿生懊悔之心，说："我天天都见到那些致富信息，怎么就没想到利用它来致富呢？"

一个聪明人比一个普通人高明的地方在于，他总会比别人多想几步。其实，有时只要比平时多想一点就会把事情处理得很完美。在现实生活中，多想几步，也就是说具有一定的远见卓识，将给我们带来极大的价值。深度思维与扩散性思维会给我们带来巨大的利益，会打开不可思议的机会之门。对于追求成功的人来说，机会是平等的，就看你愿意不愿意运用“思考”的武器，去发现机遇，把握机会，攻克成功路上的难关。

无论从事何种行业，只要有思考的习惯，总会惊喜地发现新天地。尤其是那些身陷困境的人，更要开动脑筋，大胆思考，敢于走前人没走过的路，才有可能从“山重水复”走到“柳暗花明”。

## 思维的角度决定人生的高度

每个人都希望自己做事能从一个好的角度出发，从而把事情做得尽善尽美。这种好的做事角度当然是从思维而来，不同的思维决定不同的出路。一个人在做事之前，一定要善于变换角度看问题，这样可以增加成功的概率。

突破常规思维，从另外的角度进行思考，往往能够柳暗花明见新天。这种事例在日常生活和工作中有很多，由于这种思维方式灵活多变，出奇制胜，所以往往能取得意想不到的成功。

对于一个本质相同的问题，用两种不同的角度去看，难免会得到截然不同的答案。所以，当我们做事时，不妨选择一个好的角度。有一个好的角度，就有了成功的一半；但若选择了一个坏的角度，你就可能会得到了失败的全部。当你站在你的立场上说服别人，别人不会轻易改变原来的想法、做法，所以当你想发表看法、提出建议时，不妨先站在对方的角度上想想，然后做到“己所不欲，勿施于人”，往往可能取得成功。

遇到难以解决的问题时，有的人会选择放弃，有的人会选择不达目的不罢休，而有的人会改变思路，寻找解决问题的新角度，毫无疑问，最后一种人是最有可能解决问题，并有大收获的人。在处理事情的过程中，没有绝对解决不了的难题。有的人之所以陷入僵局，只是因为思路陈旧，没有更换角度。在这个世界上，从来没有绝对的失败，有时只需稍微调整一下思路，转变一下视角，失败就有可能向成功转化。

一位犹太出版商有一批滞销书，当他苦于不能出手时，一个主意冒了出来——给总统送一本，并三番五次去征求意见。忙于政务的总统哪有时间与他纠缠，便随口而出："这本书不错。"于是出版商便大做广告："现有总统喜爱的书出售。"于是这些书就销售一空。

时间不长，这个出版商又有卖不出去的书，他便又送了一本给总统。总统鉴于上次经验，想奚落他，就说："这书糟糕透了。"出版商闻之，灵机一动，又做广告："现有总统讨厌的书出售。"有不少人出于好奇争相抢购，书又销售一空。

第三次，出版商将书送给总统，总统接受了前两次教训，便不予回答而将书弃之一旁，出版商却大做广告："有总统难以下结论的书，欲购从速。"居然又被一抢而空，总统哭笑不得，商人大发其财。

有时成败只在于一个观念的转变。换个思路，变个想法，往往令你取得意想不到的奇妙效果。"如果有个柠檬，就做柠檬水。"这是一位聪明人的做法，而傻子的做法正好相反。如果他发现生命给他的只是个柠檬，他就会沮丧，自暴自弃地说："我完了，我的命运真悲惨，连一点儿发达的机会也没有，命中注定只有个柠檬。"然后，他就开始诅咒这个世界，一辈子让自己沉浸在悲伤当中，毫无作为。但是，当聪明的人拿到一个柠檬的时候，他就会说："从这件不幸的事情中，我可以学到什么呢?我怎样才能改变我的命运，把这个柠檬做成一杯柠檬水?"

成大事者在遇到难题时善于换位思考，即从另外一个角度重新审视自己和环境，以便找到新的人生机遇和突破点。这就是说，换位思考是成功者的手段之一。很多人不敢创新，或者说不愿意创新，是因为他们头脑中关于价值判断的标准已经固定，这使他们常常不能换一个角度想问题。

换个角度，就换了一种思维，就打破了自己的习惯思维和固有思维，这样必然会有不一样的结局出现。在现实的生活中，当人们解决问题时，时常会遇到瓶颈，这是由于人们只在同一角度停留造成的，如果能换一换视角，情况就会改观，就会有新的变化与可能。

在美国加州有一位快乐的农夫叫皮特，当他买下一片农场的时候，他觉得非常沮丧，因为那块地坏得使他既不能种水果，也不能养猪，能在那片地上生长的只有白杨树和响尾蛇。后来，他想了一个好主意，他要把自己所有的东西都变成一种资产，他要利用那些响尾蛇。皮特的想法使每一个人都很吃惊，因为他开始做响尾蛇罐头。

现在，皮特的生意做得非常大，每年去他的响尾蛇农场参观的游客差不多就有两万人。从响尾蛇身上取出来的蛇毒送到各大药厂去做蛇毒的血清，响尾蛇皮以很高的价钱卖出去，做女人的皮鞋和皮包。这个村子为了纪念他，现在已改名为加州响尾蛇村。

遇到难以解决的问题，与其死盯住不放，不如把问题转换一下，化难为易，达到解决问题的目的。聪明人可以把复杂问题简单化，不聪明的人可以把简单的问题复杂化。事实上，解决复杂问题时能够化繁为简，就体现了一种新的视角。把自己生疏的问题转换成熟悉的问题，开启了另一个视角，就会产生一条新思路。

长期以来，许多人习惯于传统的思维方式，喜欢“照葫芦画瓢”，看到别人怎么做就马上跟着怎么做，从来没有自己的思维，从来不考虑要靠自己想出新的角度做事。这种人的事业是注定不会有很大的发展空间的，因为思维是改变自我的内在基础，好方法是解决问题的必要工具。只有运用头脑，积极思考，转换思路，不断开拓出新的做事方法，你才能够在社会中发现、创造更多的机会，实现自己的目标，改变自己的生活。

寻找解决问题的新角度本身就是一种创新，一种改变。很多时候就是这么看似不起眼的一步，就可能令局面大为改观，让我们看到一片新天地。所以，请记住：换个角度思考，你也许就能够把失败变为成功。

## 资源有限，创意无穷

只有创新才有出路，才能给我们的事业和生活带来生机。创意是一种不平凡的思维方式。激动人心的成功总是和出类拔萃的创意联系在一起的。创意既能为成功锦上添花，也能将平凡点石成金，更能化腐朽为神奇。

这是一个处处充满竞争的时代，对于每个人来说，若想在社会上有所成就，就必须努力培养和展现自己创新的能力，千万不可墨守成规。假如你的思维或产品一成不变，一点都没有新鲜之处，那么它们就会苍白无力，很快就会被社会的大潮所淘汰。

你一定听说过许多成功者的创业神话：短短几年，一个个当初看起来很普通的人一下子成了亿万富翁，一些人甚至成了世界上最富有的人，如比尔·盖茨、杨致远、陈天桥等，这些人开始都仅仅只有一个好创意。可见，创意就是不局限于眼前的成就，对自己有一个更高层次的要求；或者是在自己一无所有的情况之下，创造出新的东西，从而使自己的人生变得丰满充实。当然，想要创新，就必须要求你自己拥有创新的能力。

当人们麻木地陷入思维定式的泥沼中，往往会不由自主地形成一种不去创新的态度和思维方式，使得事情的发展缺乏突破与创新。一个人如果一直跟在别人的后面，那他只能走别人的老路；只有努力创新，时刻给自己的生活注入一些新鲜的活力，才能走在别人的前面，才能吃到最香的饭菜。

斯太菲克在美国伊利诺伊州一个退役军人管理医院疗养的时候，通过看报纸得知，许多洗衣店都把刚熨好的衬衣折叠在一块硬纸板上，以避免皱纹。他获悉这种衬衣纸板每千张要花费4美元。突然间，他想到了一个主意，以每千张1美元的价格出售这些纸板，并在每张纸板上登上一则广告。登广告的人当然要付广告费，这样他就可从中得到一笔收入。斯太菲克有了这个创意以后，就设法去实现它。

他在出院后就投入了行动，并最终取得了成功。后来他发现衬衣纸板一旦从衬衣上撤除之后，就不会为洗衣店的顾客所保留。于是，他给自己提出这样一个问题："怎样才能使许多家庭保留这种登有广告的衬衣纸板呢？"他解决的方法是在衬衣纸板的一面，继续印一则黑白或彩色广告。在另一面，他增加了一些新的东西——一个有趣的儿童游戏；一个供主妇用的家用食谱；或者一个引人入胜的字谜，效果很快产生了。有一次，一位男子抱怨，他的妻子把刚洗好的衬衣又送到洗衣店去了，而他的妻子这样做仅仅是为了多得一些斯太菲克的菜谱。就这样瞬间的灵感给乔治·斯太菲克带来了可观的财富。

创新的成功，总是孕育着创新者的强烈创新意识。要想摆脱传统观念和习惯思维的局限，就要鼓励自己打破思维禁锢，激活创新的意识。松下幸之助曾经说过："今日的世界，并不是武力统治而是创新支配。"只要勇于打破常规，再加上自己独特的创新意识，那便是一把成功的魔杖。创新的意识来自于生活，它并非是很神秘的，相反，是人人都可以做到的。一切成就与财富都来自于创新的意识，你要做的就是充分发挥思考的能力，激活创新的意识。

人生需要不断创新，领先别人的人永远让别人跟着他走，被别人领先的人永远跟着别人走。别人做什么你就做什么，你最多只是个好的模仿者，永远不可能靠模仿成为领导。要成为一个领导潮流的人，你就必须成为一个创新者，只有创新才能让你有机会超越常人。要时时刻刻想着："我如何跟别人不一样，并且比他更好"，而不是"我如何与别人一样好"。

两个青年一同开山，一个把石块儿砸成石子运到路边，卖给建房人；一个直接把石块运到码头，卖给杭州的花鸟商人，因为这儿的石头总是奇形怪状，他认为卖重量不如卖造型。三年后，卖怪石的青年成为村里第一个盖起瓦房的人。

后来，一条铁路从这儿贯穿南北，北到北京，南抵九龙。那个青年又在他的地头砌了一道三米高百米长的墙。这道墙面向铁路，背依翠柳，两旁是一望无际的万亩梨园。坐火车经过这里的人，在欣赏盛开的梨花时，会醒目地看到四个大字：可口可乐。据说这是五百里山川中唯一的一个广告，那道墙的主人仅凭这座墙，每年又有4万元的额外收入。

20世纪90年代末，日本一著名公司的人士来华考察，当他坐火车经过这个小山村的时候，听到这个故事，被此人惊人的商业头脑所震惊，当即决定下车寻找此人。当日本人找到那个青年时，他正在自己的店门口与对门的店主吵架。原来，他店里的西装标价800元一套，对门就把同样的西装标价750元。他标750元，对门就标700元。一个月下来，他仅批发出8套，而对门的客户却越来越多，一下子发出了800套。

日本人一看这情形，对此人失望不已。但当他弄清真相后，又惊喜万分，当即决定以百万年薪聘请他。原来，对面那家店也是他的。

有些时候，当你在一个熟悉的环境里生活久了，无形之中，在你的内心就会形成一种依赖性，容易给自己造成一种安逸的假象。因此，你必须努力从这种假象里跳出来，不断提高自己的创造能力。而这种创造的能力，是必须在你具有推陈出新的勇气的保证下，才能顺利实施的。这种勇气不是与生俱来的，更不能靠别人的恩赐，而是需要你在不同的环境和实践中，不断地积累和升华。

有思考才会有创新，有创新才容易成功。今天一个人要想立足社会，将以有无创新意识和创新能力来论成败。微软总裁比尔·盖茨总是这样说：“微软离破产永远只有18个月。”不要认为这是危言耸听，在这个知识经济快速更替的时代，不进则退，不创新就意味着衰败，衰败的后果必将是死亡。

当你在前进的道路上遇到了阻碍而无法前行时，要敢于突破常规思维的束缚，创新思维可以让你避免挣扎于“千军万马过独木桥”的竞争旋涡，从而独树一帜、另辟蹊径，如此，你才能领先别人，因获得先机而更易取胜。

## “逆向思考”是正向行走的好风

善于改变自己的思维，就会取得非同一般的成效。这就是说，换一种思维方式，就能够化解问题，从而把不利变为有利。换一种思维方式，把问题倒过来看，不但能使你在做事情上找到峰回路转的契机，也能使你找到生活上的快乐。

世间事物千奇百怪，变幻莫测，固定、单一的思维模式是不足以应对一切复杂多变的世事的。可以说世间唯一不变的真理就是“变”。在做事的时候，只有不断变通，才可能绕开生活道路上的一切障碍，让你轻松获得成功。

在思维过程中，需要合理想象与创造性思维，只有这样，人的认识能力才能得到进一步提高，认识成果才会不断增加。而创造性思维的一个表现，就是敢于打破常规，进行逆向思考。人的每一种行为、每一种进步，都与自己的变通思维能力息息相关，离开了变通思维，人就什么事情也办不成了。

之所以有的人成就了伟业，有的人却碌碌无为一辈子，原因就在于变通思维的差异。其实，成功的机会无处不在，只是它更青睐善于思考、善于变通的人。别人成功了，我们却没有，并不是别人运气好，而是他们善于思考，对这个世界多了份观察，对自己的生活多了份思考，在事情的解决方法中多添了一份变通。就像有人说的：这个世界不缺少能干活的人，缺少的是会思考会变通的人。许多成功人士一生不败，关键就在他们在为人处事中精通变通之道，进退之时，俯仰之间，都超人一等。

有一家大公司的董事长即将退休，他想物色一位才智过人的接班人。经过一段时问的观察，他最后挑出了两位人选——约翰和吉米。因为他们都很精通骑术，老董事长便邀请二位候选人到他的农场做客。当他们到来时，老董事长牵着两匹同样好的马走了出来，说："我知道你们二人都很善于骑马，这里有两匹很好的马，我要你们比赛一下，胜利者将成为我的接班人。"

他把白马交给了约翰，把黑马交给了吉米。这时，老董事长开始宣布比赛的规则："我要你们从这儿骑马跑到农扬的那一边，然后再跑回来。谁的马跑得慢，也就是后到目的地，谁就是胜利者。"

听了这话，约翰突然灵机一动，迅速跳上了吉米的黑马，然后快马加鞭地向前急驰而去，

他自己的马却留在了原地。吉米感到约翰的举动很奇怪："咦！他怎么骑了我的马呢？"当他终于想通了是怎么一回事时，已经太晚了。他的黑马遥遥领先，无论怎样追也追不上了。

结果，吉米的马最先到达终点，他输了。

老董事长高兴地对约翰说，"你可以想出有效的创新办法，能出奇制胜，证明你有足够的才智来接替我的位置，我宣布，你就是下一任董事长了！"

其实人与人之间，谁比谁聪明、谁比谁幸运并不是最大的差距，最大的差距在于谁思考更深入，变通更及时。因此，我们在生活中要勤于思考，善于变通，对于一些别人解决不了的问题，我们可以换个思路去解决；对于别人想不到的事情，我们要努力想到并实现。"只有想不到，没有做不到"，这句稍显夸张的话，从某种角度讲，是有一定道理的。会思考、会变通的人是永远不会被困难阻挡的，即使前面荆棘丛生，他们也能披荆斩棘，奋勇直前。

人的发展永远都离不开机会，要想能够及时地把握机会、创造机会，那么我们就必须不停地开动脑筋，运用智慧，否则我们就有可能会被时代淘汰。只要我们不拒绝变化，并且善于运用变通的思维方式，不

断改变自己的观念，我们就能抓住机会，走出困境，进入新的天地。

在18世纪的法国，土豆种植曾有很长一段时间得不到推广。医生们认定它对健康有害；农学家断言，种植土豆会使土壤变得贫瘠。法国著名农学家安瑞·帕尔曼切曾吃过土豆，觉得土豆是一种很好的食品，于是决定在本国培植它。可是，过了很长一段时间，他都未能说服任何人。面对人们根深蒂固的偏见，他一筹莫展。后来，帕尔曼切决定借助国王的权力来达到自己的目的。1787年，他终于得到了国王的许可，在一块出了名的低产田上栽培土豆。帕尔曼切发誓要让这不受欢迎的“鬼苹果”走上大众的餐桌！

他要了个小小的花招——请求国王派出一支全副武装的卫队，白天晚上轮流值班对那块土地严加看守。这异常的举动，撩拨起人们强烈的偷窥欲望。此举的确显得十分神秘，一片土豆地怎么会派哨兵日夜把守呢？周围的农民无不好奇，不断地趁着士兵的“疏忽”而溜进去偷土豆，小心翼翼地把偷来的土豆拿回去研究，种在自家地里，精心侍弄，看到底有何不同。哨兵对周围的农民偷土豆，表面上似乎严禁，实际上则睁一眼闭一眼。当周围农民种的土豆获得丰收之后，所谓的“鬼苹果”的优点也就广为人知了。就这样，通过这个巧妙的主意，土豆在法国普及开来，很快成为最受法国农民欢迎的农作物之一。土豆食品也昂然走进了千家万户。

当然，通向成功的大道，绝不止思维变通一种方式，但是突破常规的变通思维能力，却是每一个渴望成功的人所必须具备的。只有拥有了灵活变通的思维能力，并将之与具体行动相结合，才能快捷便利地达到自己理想的远大目标。

当传统的方法已经不能解决问题时，我们应该学会另辟蹊径。实际上，促成人类社会进步的一切科技发明，起因都是解决问题过程中的“另辟蹊径”。比如，为了解决“怎么才能更快地收割小麦”的问题，如果我们仅限于传统的方法——把镰刀磨得更快，而不是想着去创造另外一种方法，那永远也发明不了联合收割机。上一次解决问题的办法，这一次不一定最适用。我们可能还有其他的办法，也许还有比传统办法好上百倍千倍的办法。

逆向思维作为通向成功之路的一种捷径，它缩短了行动与目标之间的距离，它常常是成功人士发掘机遇，牢牢把握机遇的窍门，它的匠心独运、别出心裁，往往能为你实现理想做出独创性的贡献。

## 以善变应万变，才可立于不败之地

想要跨越生命中的障碍，达成某种程度的突破，迈向未来的领域就需要有化水为风的智能与勇气。生命中总是充满着无数的未知，只凭一套生存哲学，便欲强度人生所有的关卡是不可能的，学会变通是跨越生命障碍走向成熟的重要一步。

在人类前进的历史长河中，世界日新月异，社会不断发展，实践告诉人们：无论是思想还是行为上的停滞不前，其最终结果都会是被历史无情地淘汰。保持自己的本色、坚持自己的初衷固然是一种执著，但人生总是充满了无数的玄机，在人生的大风浪中，我们常常要学船长的样子，在狂风暴雨之下，把笨重的货物扔掉，以减轻船的重量，而这货物有时可能恰恰就是我们最初最珍视的东西。“宁为玉碎，不为瓦全”固然可敬，可捡起我们身边的残片碎瓦有时也不失为一种灵活。

在漫漫人生长路上，懂得变通的人可以随处找到成功的机会。相比之下，那些不善于变通的人，纵有一身过硬的本领，也会因为不懂得因时因地变通，而无法捕捉和把握稍纵即逝的机会，从而无法成功。甚至有的时候，机会向他迎面走来，他也会视而不见，让成功与自己擦肩而过。

人总是有其固有的传统思维。而想摆脱传统陈旧思维方式的束缚并不是件容易的事情，因为传统思想观念像影子一样深藏在人们的心灵深处，不为人们所察觉，但它却严重地影响着人们的言谈举止和行为方式。这些传统的思维方式阻碍着你的变通思维，使你行走社会感觉到做很多事都困难重重，感觉成功离你是那么遥远，但是如果你能转换个思维方向，变通地看待一切，变换你的处事方式，你就会发现，你不再寸步难行，很多事情都能轻而易举办好，成功与你也是前所未有地接近。

法国著名女高音歌唱家玛·迪梅普莱有一个美丽的私人园林。每到周末，总会有人到她的园林里去摘花，采蘑菇，有的甚至搭起帐篷，在草地上野营、野餐，弄得园林一片狼藉，脏乱不堪。

管家曾让人在园林四周围上篱笆，并竖起“私人园林，禁止入内”的木牌，但均无济于事，园林依然不断遭到践踏和破坏。于是，管家只得向主人请示。迪梅普莱听了管家的汇报后，让管家做几个大牌子立在各个路口，一面醒目地写明：如果在园林中被毒蛇咬伤，最近的医院距此15公里，驾车约半个小时才能到达。自此以后，再也没有人闯入她的园林。

园林还是那个园林，只是变了一个思路，保护园林的难题就解决了。

变通是一门艺术，也是一门学问。所谓“穷则变，变则通”，很多人之所以一辈子都碌碌无为，那是因为他活了一子都没有认真地体味、揣摩成功人士之所以成功的原因，都没有弄明白变通对人生的决定性作用，都不知道怎样变通才能为自己的人生画上辉煌的一笔。

纵观古今，无论是帝王将相，还是平民百姓，他们都需要在变化的世界中走完自己的人生，而成功者大多是敢于变通、善于变通的人。因此说，做事学会变通，就等于拥有了生存立世之本。当我们遇到困难的时候，必须思考变通之策。因为，客观情况在不断变化，我们必须随着客观情况的变化而变化，只有这样，我们才可以克服困难走向成功。

柯特大饭店是美国加州的一家老牌饭店。饭店老板准备改建一个新式的电梯。他重金请来全国一流的建筑师和工程师，请他们一起商讨，该如何进行改建。

建筑师和工程师的经验都很丰富，他们讨论的结论是：饭店必须更换一台大电梯。为了安装好新电梯，饭店必须停止营业半年时间。

“除了关闭饭店半年就没有别的办法了吗？”老板的眉头皱得很紧，“要知道，这样会造成很大的经济损失……”

“必须得这样，不可能有别的方案。”建筑师和工程师们坚持说。

就在这时候，饭店里的清洁工刚好在附近拖地，听到了他们的谈话，他马上直起腰，停止了工作。他望望忧心忡忡、神色犹豫的老板和那两位一脸自信的专家，突然开口说：“如果换上我，你们知道我会怎么来装这个电梯吗？”

工程师瞟了他一眼，不屑地说：“你能怎么做？”

“我会直接在屋子外面装上电梯。”

“多么好的方法啊！”工程师和建筑师听了，顿时诧异得说不出话来。

很快，这家饭店就在屋外装设了一部新电梯，而这就是建筑史上的第一部观光电梯。

习惯性地认为电梯只能安装在室内，却想不到电梯也可以安装在室外，像这样固守成法、循规蹈矩的人比比皆是。问题不在于他们的技术高低、学识多寡，而在于他们突破不了常规的思维方式。工程师和建筑师被专业常识束缚住了，而洁清工的脑子里没有那么多条条框框，思路很开阔，所以才会想出令专家们大跌眼镜的妙招。

美国的著名人物罗兹说过：“生活中最大的成就是不断地自我改造，以使自己悟出生活之道。”的确，在很多情况下，外物是无法改变的，我们能改变的就是我们的思想。变通，可以说是我们遇到困难和变化时所能采取的最好方法与手段。

会变通的人知道，只有先找到一个平台，把自己的优势展现出来，别人才会知道你的能力和才华，只要真有能力就不怕无用武之地。爱尔兰伟大的思想家乔治·萧伯纳曾经说过：“明智的人使自己适应世界，而不明智的人只会坚持要世界适应自己。”无论遇到任何困难，只要懂得变通，就能走向成功。

任何事情都是处于变化之中的，一件事的发展往往会在你的意料之

外。而一个思想僵化、保守的人显然是难以应付的，养成灵活变通的习惯是一个人能否取得成功的关键。

## 摆脱“一定之规”的束缚

“一定之规”对创新思考常常会起一种妨碍和束缚的作用。它会使人陷在旧的思维模式中，难以进行新的探索和尝试，因而也就难以产生新的设想。我们要认识到，思维定势是“懒汉”的思维方法，要有意识地破除它。

无论是思考如何解决碰到的新问题，还是对已熟悉的问题寻求新的解决方案，一般都需要在多途径地探索、尝试的基础上，先提出多种新的设想，最后再筛选出最佳方案。而基于反复思考一类问题所形成的“一定之规”，对这样的创新思考常常会起一种妨碍和束缚的作用。

一个长期习惯于按“一定之规”考虑问题，很少进行创新思考的人，久而久之，往往会把很多本来大不相同的问题，也因为它们之间的某些相似之处，而看成是同一类问题，用相同的办法去解决。这样，自然就会白费精力。有一位心理学家说过：“只会使用锤子的人，总是把一切问题都看成是钉子。”就好像卓别林主演的《摩登时代》里的那个可笑的工人那样，由于成天到晚拧螺丝帽，一切圆的东西，包括衣服上的纽扣和圆形图案，在他眼里都成了螺丝帽，他都会用扳手去拧。

人形成思维定势是人类心理活动的普遍现象。创新是人类社会进步的客观要求。而要摆脱和突破一种思维定势的束缚，常常都需要付出极大的努力。无论是在创新思考的开始，还是在其他某个环节上，当我们的创新思考活动遇到了障碍，陷入了某种困境，难以再继续想下去的时候，往往都有必要认真检查一下：我们的头脑中是否有了某种思维定势在起束缚作用？我们是否被某种思维定势捆住了手脚？

有一个边防缉私警官，每天晚上总看见一个人推着一辆驮着大捆麦秸的自行车，朝边防站走来。每天，警官都会命令那人卸下麦秸，解开绳子，并亲自用手拨开麦秸仔细检查。尽管警官一直期待能在麦秸里发现些什么，却从未找到任何可疑之物。

这天晚上，警官像往常一样仔细检查完麦秸，然后神色凝重地对那人说："听着，我知道你每天都通过这个关卡干着走私的营生。我年纪大了，明天就要退休了，今天是我最后一天上班，假如你跟我说出你走私的东西到底是何物，我向你保证绝不告诉任何人。"那人听了对警官低语道："自行车。"

"啊？"警官愣了半晌才醒悟过来。

这个缉私警官的视线完全被那一大捆麦秸吸引了，可以说是受阻于走私者隐藏赃物的定式，而忽略了正面驶来的自行车。也许换一个角度考虑一下问题的始末，他就会恍然大悟了，这就是思维的逆转。

在瞬息万变的社会，如果一味恪守固有的经验，容易把人的思维引入歧途，也会给生活与事业带来消极影响。一成不变的思维方式，将会带来毫无生机的生活局面。常规是束缚创造力的关键，也是被众多人认定的，但是，能够赢得精彩人生、创造辉煌事业的人恰恰只是少数。曾经有一位社会学者调查后得出结论：凡是能够成功打破"一定之规"的人，几乎都赢得了成功。在一般情况下，按常规办事并不错。但是，当常规已不适应变化了的新情况时，就应解放思想，打破常规，善于创新，另辟蹊径。只有这样，才有可能化缺点为优点，化弊端为有利，化腐朽为神奇，在似乎绝望的困境中找到希望，创造出新的生机，取得出人意料的胜利。

虽说思维有其规律可循，但打破常规进行思考，本身就是一条特殊的思维规律，是创新型人才不可缺少的特质。一旦学会了打破常规进行思考，就会迎来一片崭新的天地。艺术大师毕加索指出："创造之前必须先破坏。"破坏什么？传统观念和传统规则。面对瞬息万变的市场环境，只有敢于挑战常规，打破常规，才能有所作为，摆脱危机，使自己站稳脚跟，立于不败之地。

1952年，由于受经济风波的影响，日本的东芝电器公司积压了大量的电风扇销售不出去。公司的有关人员虽然绞尽脑汁想了很多的办法，但销量还是不见起色。看到这个情况，公司的一个基层小职员也努力地想办法，几乎到了废寝忘食的程度。

一天，小职员看到街道上有很多小孩子拿着许多五颜六色的小风车在玩，头脑里突然想道：为什么不把风扇的颜色改变一下呢？这样既受年轻人和小孩子的喜欢，也让成年人觉得彩色的电扇能为屋里增光添彩啊。想到这里，小职员急忙跑回公司向总经理提出了建议，公司听了这个建议后非常重视，特地召开了大会仔细研究并采纳了小职员的建议。

第二年夏天，东芝公司隆重推出了一系列彩色电风扇，一改当时市场上一律黑色的面孔，很受人们的喜爱，掀起了抢购狂潮，短时间内就卖出了几十万台，公司很快摆脱了困境。而这位小职员不但因此获得了公司2%的股份，同时也成为了公司里最受大家欢迎的职员。

人一旦形成了习惯的思维定势，就会习惯地顺着定势的思维思考问题，不愿也不会转个方向、换个角度想问题，这种思维习惯定势的影响很大。思维定势是阻碍人前进的一条铁链，它使人的思维进入无法前进的死胡同。因此，当我们发现自己被那一条条铁链锁住时，一定要当机立断，立即挣开它的捆绑，使自己的潜能得到充分发挥。很多人走不出思维定势，所以他们走不出宿命般的可悲结局；而一旦走出了思维定势，也许可以看到许多别样的人生风景，甚至可以创造新的奇迹……

世上的事情有时就这么简单得让人难以置信：如果你墨守成规，等待你的只有失败；相反，如果你稍微动一下脑筋，对传统的思维方式进行一番创新，就能获得成功。在竞争激烈的商业社会中，那些人云亦云的人，只能眼看着别人享受着丰富的财富，而只有打破“一定之规”的人才有可能赢得先机。

# 第02章

## 特立而行，20几岁迈出别人不敢踏出的那一步

### 起手无悔是成功人生的第一课

在人生的棋盘上，起手无悔实在是成功人生的第一课。许许多多的失败者，事前的犹犹豫豫就已注定了事后的追悔莫及。能否抓住机遇取决于我们是否足够果断。在犹豫不决中丢失的机会比真正错过的还多。只有敢于决断，敢于行动，才能够成功。

生活中处处充满机遇，社会上的每一项活动、人际中的每一次交往、工作中每一次得失等，都可能是一次选择、一次机遇、一次引导你冲破人生难关的契机。而问题在于你自身的素质，在于你是否能发现并抓住每一次机遇。

一个人在做事之前，首先应该保持冷静的头脑，对自己所要做的事情有一个正确的判断。盲目行事，是导致许多人失败的一个重要原因。而那些最终能够突破人生的难关，赢得成功的人，大都有着一个共性：能够在正确的决策之下，勇敢果断地行事。

机不可失，时不再来，这是一个浅显而又深刻的道理。在许多情况下，机遇是不允许有更多的时间让你来左顾右盼的，而且必须由你自己来拿定主意。你如果任由自己养成要别人替你拿主意的坏习惯，那么在关键时刻，特别是处在“时不再来”的时候，你往往就不会有自己的决断。因此，平时不要受别人的影响，应坚持自己的看法，用自己的头脑做决定。

对于每一个人来说，犹豫不决、优柔寡断是成功路上的一个非常阴险的对手，因此在它还没有伤害你、破坏你、限制你一生的机会之前，你就要把这一仇敌置于死地。一个人如果没有果断决策的能力，那么他的一生，就像浩瀚大海中的一叶孤舟，只能永远漂流在狂风暴雨的汪洋大海里，永远达不到成功的彼岸。

一位富翁家的狗在散步时跑丢了，于是富翁就在当地报纸上发了一则启事：有狗丢失，向归还者付酬金1万元。并有小狗的一张彩照充满大半个栏目。

一位沿街流浪的乞丐在报摊看到了这则启事，他立即跑回他住的窑洞，因为前天他在公园的躺椅上打盹时捡到了一只狗，现在这只狗就在他住的那个窑洞里拴着。果然是富翁家的狗，乞丐第二天一大早就抱着狗出了门，准备去领1万元酬金。当他经过一个小报摊的时候，无意中又看到了那则启事，不过赏金已变成2万元。乞丐又折回他的窑洞，把狗重新拴在那儿，第4天，悬赏额果然又涨了。

在接下来的几天时间里，乞丐天天浏览当地报纸的广告栏，当酬金涨到使全城的市民都感到惊讶时，乞丐返回他的窑洞。可是那只狗已经死了，因为这只狗在富翁家吃的都是鲜牛奶和烧牛肉，对这位乞丐从垃圾筒里拣来的东西根本受不了。

其实，机会无时无刻不在，每一个新时代都会造就一批富翁，而每一个富翁的产生都是当别人不明白时，他明白自己该做什么；当别人不理解时，他理解自己在做什么。所以当别人明白时，他已经成功了；当别人理解时，他已经富有了。或许有人会说，当初我要是做，一定会比他们赚得更多。不错，你的能力或许比他们强，你的资金或许比他们多，你的经验或许比他们丰富，可就是因为你的一念之差，决定了当初你不会去做，你的犹豫决定了你在若干年后的今天贫穷依旧。

不要把一件事情放到明天，从现在就积极地行动起来。努力地尝试做出果断的决定，强迫自己来实行。不管你面对的事情多么复杂，都不要有任何的犹豫。在你决定某一件事情之前，你应该对各方面的情况有所了解，你应该运用全部的常识和理智慎重地思考，给自己充分的时间去想问题。你一旦做好了心理准备，就要果断决定，一经决定，就不要轻易反悔。

如果发现好的机会，你就必须抓紧时间，马上采取行动，才不致于贻误时机。不要对一个问题不停地思考，一会儿想到这一方面，一会儿又想到那一方面。你该把你的决定，作为最后不变的决定。这种迅速决断的习惯养成以后，你便能产生一种相信自己的信心。如果犹豫、观望而不敢决定，机会就会悄然流逝，后悔莫及。

华裔电脑名人王安博士说，影响他一生的事发生在他六岁之时。一天他外出玩耍，经过一棵大树时，突然有一个鸟巢掉在他的头上，里面滚出了一只嗷嗷待哺的小麻雀。他决定把它带回去喂养，便连同鸟巢一起带回了家。走到家门口，忽然想起妈妈不允许他在家里养小动物。他轻轻地把小麻雀放在门后，急忙走进屋去请求妈妈，在他的哀求下妈妈破例答应了儿子。王安兴奋地跑到门后，不料小麻雀已经不见了，一只黑猫在意犹未尽地擦拭着嘴巴。王安为此伤心了很久。从此，他记取了一个很大的教训：只要是自己认定的事情，绝不可优柔寡断。犹豫不决固然可以免去一些做错事的机会，但也失去了成功的机遇。

在生活中不论要干什么，都要把握住适当的分寸和尺度，所谓“该出手时就出手”。一旦错过了最好的时机，你可能会一无所得。在两难的抉择中，敢于决断是一个人成功的关键。假如我们面对选择时犹豫不决，无法果断地做出决定，将会一事无成，甚至有可能还会埋下祸根，为自己带来一连串失败的打击。然而，在实际工作中，并不是每一个人都有果断地做出决断的勇气。有些人往往优柔寡断，患得患失，瞻前顾后，结果错失良机，甚至给自己造成很大的损失。

犹豫不决的人可以说是世界上最可怜的人，也是最容易失败的人。威廉·惠德说：如果一个人面对着两件事情犹豫不决；不知该先去做哪一件事好，那么他最终将一事无成。他非但不会有什么进步，反而会后退。惟有那些具有如凯撒一般的特性——先聪明地斟酌，再果断地决定，然后坚定不移地去行动的人，才能在事业上，都做出卓越的成绩来。

当然，这种在两难中做出选择的勇气，必须以敏锐的洞察力为基础。如果没有经过思考，没有看清问题，就盲目地做出决断，不但无助于成功，相反却可能会使你损失惨重。要知道，没有经过慎重思考，盲目决定的勇气只是匹夫之勇。

俗话说："双鸟在林，不如一鸟在手。"你若想成为一名非同凡响的角色，你就必须学会在两难的选择中，敢于决断，敢于行动。

## 从决定去做的那一刻，成功就存在

无论做什么事，付诸行动尤为重要。如果说敢想就成功了一半，那么另一半就是去做。立刻去做，大量地去做、持续不断地去做，是你战胜挫折的唯一捷径。这样，你才能达到理想的彼岸，才能登上成功的列车。

现实中，能使我们为之奋斗的是理想；而实现理想所必需的是行动。正如一位名人所说的："理想是彼岸，现实是此岸，中间隔着湍急的河流，行动就是架在两岸的桥梁。"我们所需要的正是一份坚持不渝的理想信念，这种信念下的坚定的行动，才能使我们一步步接近于心中理想的殿堂。

人的一生有太多的等待，在等待中，我们错失了许多的机会，在等待中，我们白白浪费了宝贵的光阴；在等待中，我们由一个英姿勃发的青年，变为碌碌无为的中老年，我们还在等待什么？让今天的事今天就做完，现在要做的事马上就动手，成功属于立即行动的人。比尔·盖茨说："想做的事情，立刻去做！当'立刻去做'从潜意识中浮现时，立即付诸行动。"

一分耕耘，一分收获。你有怎样的付出，就会有怎样的收获，天上不会掉馅饼。如果你不付出艰辛的努力，就想获得成功，那是痴心妄想。你想收获吗？一定要有起码的付出。在这个世界上，你要得到多少，你就得付出多少。要想成功就要把希望放在明天，把计划放在今天，把行动放在现在。克服畏难情绪，毫不犹豫，起而行动，扎扎实实做好每一件事，只有这样，心中的慌乱才会得以平定，才能拼出成功的魔方。下面是著名作家兼战地记者西华·莱德先生的故事：

当我推掉其他工作，开始写一本书时，心一直定不下，我差点放弃一直引以为荣的教授尊严，也就是说几乎不想干了，最后我强迫自己只去想下一个段落怎么写，而非下一页，当然更不是下一章。整整六个月的时间，除了一段一段不停地写以外，什么事情也没做，结果居然写成了。

"几年以后，我接了一件每天写一个广播剧本的差事，到目前为止一共写了2000个剧本。如果当时签一张'写作2000个剧本'的合同，我一定会被这个庞大的数目吓倒，甚至把它推掉，好在只是写一个剧本，接着又写另外一个，就这样日积月累真的写出这么多了。"

任何想要的结果，都是通过行动以后才会得到，你栽下苹果树，你会得到苹果；你种下香蕉树，你会收到香蕉；你什么都没有种，你什么也不会得到。汗水就是行动，行动就是努力。无论在哪个领域，如果不努力去行动，那么终将不会获得成功。如果不行动、不努力，要想捕捉到任何成果都是不可能的事情。

许多人总是等到自己有了一种积极的感受再去付诸行动，这些人其实是本末倒置，积极行动会导致积极思维，而积极思维会导致积极的人生心态。心态是紧跟行动的，你的内心怎样想，你就会采取怎样的行动，也就会产生怎样的结果。

成大事者皆有志，成大事者更具有坚定不渝的行动。马克思曾说：“只有行动才会产生最后的结果。任何伟大的目标、伟大的计划，最终必然会落实在行动上。”拿破仑也曾说：“想得好是聪明，计划得好更聪明，做得好是最聪明又最好。”只有不畏劳苦沿着陡峭山路攀登的人，才有希望到达光辉的顶点。只有行动起来，才能达到理想的彼岸，才能登上成功的列车。

贝尔在试制电话机时，感到有关问题还没有把握，便去向著名物理学家约瑟·亨利请教。贝尔谈了自己的设想，然后恳切地问：“先生有何见教？”“干吧！”亨利回答说。贝尔不安的说：“可是，先生，我对电的知识知道得很少呀。”“学吧！”亨利又简短的回答。电话机试制成功后，贝尔激动地说：“如果不是亨利先生的这两个词的鼓励，我是不可能发明电话机的啊！”

当年，迪斯尼为了实现他心中的梦想，不断地呼吁去建造一个乐园，可是当时有非常多的人反对他，有的人担心会对环境产生影响；有的人担心他的资金有问题；有的人甚至怀疑他的头脑有问题；有的人说政府不会批那么大的一片地。可是迪斯尼不断地去想各种各样的方法，资金方面有问题，他跑了143次银行。他积极地寻求各方面资源的支持，最后，他梦想中的乐园——迪斯尼乐园，终于在美国开始兴建，到现在，被复制到世界各地。

人人都能下决心做大事，但只有少数人能够立即去执行他的决心，也只有这少数人才是最后的成功者。有不少这样的人，他们并非不知道行动的重要，但是迟迟不愿意行动，结果又产生负疚感，造成意志瘫痪。很多情况下，人们与其说是因为恐惧而不去行动，毋宁说是因为不去行动而导致恐惧。许多事情的难度都由于我们的犹豫和摇摆加大了。

人生就是如此，只要你迈步，路就会在脚下延伸。只有启程，我们才会向理想的目标靠近。无论你的梦想和目标是什么，这些都只是你成功的开始，更主要的是立即开始行动，从而实实在在地看到成功的希望。这一点被许多人所忽略，其结果都是以失败告终。洛克菲勒说：“不管一个人的野心有多大，他至少要先迈出第一步，才能到达高峰。”一旦起步，继续前进就不太困难了。工作越是困难或不愉快，越要立刻去做，坚持每天迈步向前，日积月累，慢慢就能达到目标。

任何一个愿望和梦想都有实现的可能，只是任何一种理想的实现都依赖于你的实际行动和你艰辛的劳动。虽然行动并不一定能带来令人满意的效果，但不采取行动是绝无满意的结果可言的。机遇和成功之间不是等号，要将机遇转化为成功，需要的是去做、去做、再去做！

## 走在人先，才能赢在人前

要想以最快的时间实现自己内心的愿望，就需要一种独辟蹊径的精神。如果只是踩着前人制定好的路线，跟在别人身后，是绝不可能闯出一片属于自己的天地的。聪明的人不随波逐流，目光独到，在别人还没“睡醒”之前就已经行动了。

生活中总有一些人多年来只是踱步在传统而保守的道路上，尽管他们年轻时都有着远大的梦想和抱负，却因为因循守旧而与众多机会失之交臂。最终，平平凡凡，一事无成。早起的鸟儿有虫吃。卓越的成功者在做每一件事时都要比别人早一步，都要比别人更迅速地掌握未来的动态、信息和走向。要想创大业建大功，就要处心积虑抢占先机而不落于众人之后，就要使人追随我而不是我去追随人。

总是步别人后尘的人是成不了大器的。如此一来，成功永远属于别人，自己得到的只是残羹冷炙。在某一领域的领袖，几乎都是起步比较早的人，他们不一定比别人做得好，但是，因为起步早，他们有更多的机会改正错误。什么事都先人一手，先人一手就能取胜，等他人追赶的时候，他们又大步向前，拉开了彼此的距离，因而他们会永远处于领先的位置。要想永远领先，就要处处争先，永远争先。

市场竞争如同弈棋，一招失先，则步步落后。那时，需要花费很大努力才能扭转被动局面。一招占先，则步步主动，利于掌握全局。跟在别人后面亦步亦趋是没有出息的，要想做大事赚大钱，一定要抢在对手之前出新招。

玉良现在是一名成功的商人，他早先在广州经营一家仅有几个人的鞋厂。生产的鞋数量少，成本高，款式陈旧，根本无法与大鞋厂抗衡，为此，他伤透了脑筋。后来，经过苦思冥想，他决定拿出100万元在全国征集三种最优秀的鞋样设计。他的想法得到了大多数人的反对，有人认为他是拿钱往水里扔。玉良并没有理会别人的奚落和嘲讽，坚持自己的想法。

出乎人们意料的是，这一方法刚一实施就轰动了全国。许多优秀的设计师拿出了自己最好的设计图样来赚取这100万元。结果，玉良声名鹊起，他的小厂也有了一些名气，许多新闻媒体为一个只有十几个人的小厂作出如此大的举措而惊讶，争相报道。因为新闻媒体的参与，玉良的小厂生产的新款式皮鞋一上市就被抢购一空。玉良利用这个机会，又向银行贷款，继续征集鞋样，扩大生产规模。结果没用多长时间，他便走向大规模生产经营的康庄大道，产品远销世界各地。

创业既然带着一个“创”字，就意味着要在别人没有走过的地方踩出一条路，在大家都没有瞧到的时候点起一盏灯。要创业就得有个闯劲儿，这就需要敢拼敢打，不惧别人的非议，不怕众人的冷眼。敢于拼搏，才能在荆棘丛中走出一条新路，才能在崎岖的小道上走向成功。

现代社会，时不我待。成功者千差万别，却有一定之规。成功秘诀何在？世界顶级管理者一语破的：一招鲜，吃遍天。成功之路就在脚下。在田径运动场上，冠军只比亚军快零点一秒，却将夺得所有的光荣；在商场中也是这样，“快鱼吃慢鱼”，领先对手的一个要点是根据对手的策略，抢先一步下手。

做任何事绝不能一条道走到黑，因循守旧与墨守成规只会导致事业的破败。要想拥有巨大的财富，就必须具有独特的眼光，敏锐的观察力，想前人所不敢想，做他人不愿做的事情。

大连韩伟企业集团创始人韩伟，从一个家庭养鸡场起步，做成了

“中国鸡王”。他的成功之处就在于以变化的眼光看市场，始终领先别人一步。1984年，韩伟自筹资金3000元，办起家庭养鸡场。那时改革开放刚刚开始，以商业为目的的家庭养鸡户极少，所以他做得很顺手。后来，家庭养鸡场越办越多，韩伟又先人一步，贷款15万元，办起真正的养鸡场，以规模效益取胜。这一步棋他又走对了，在同行面前取得了很大的竞争优势。

几年后，养鸡场渐渐多起来。韩伟意识到，靠传统方法养鸡是不具备竞争力的，必须加大科技投入，降低养鸡成本。于是，他又扩大投资，建成一座现代化养鸡场。设施全部自动化，整个鸡舍只需一个人操作，这在当时绝对算得上超前。他的鸡场产量相当高，每只鸡年产蛋达到20公斤，而一般的大鸡场只有12公斤，国际先进水平也只有18公斤。产量大、成本低，他的竞争优势十分明显。

又过了几年，韩伟看到市场过剩经济已现端倪，仅生产普通鸡蛋，前途难测。于是，他高薪聘请中科院营养学专家开发绿色鸡蛋。这正好迎合了人们普遍崇尚生活品质、钟情绿色食品的心理。所以，他的绿色鸡蛋一上市，不仅畅销国内，还远销国外。

至2000年，韩伟个人财产达到5600万美元，被美国《福布斯》杂志评为中国50位富豪之一。

这个世界上为什么这么多人碌碌无为、平庸一生，是因为他们有一个习惯思维，“我凭什么要这么做”“别人怎么不做”“我为什么要做”。正是有了这么多的“思想上的巨人，行动上的矮子”，才有了那么多的自叹自怨的人。他们常常抱怨，自己的潜能没有挖掘出来，自己没有机会施展才华。他们甚至也都知道如何去施展才华和挖掘潜能，只不过不敢去做罢了。思想只是一种潜在的力量，是有待开发的宝藏，而只有敢于去做才是开启力量和财富之门的钥匙。

走别人不愿走的路，做别人不愿做的事，你才能踏上一条成功的捷径。要知道，上帝总是把最美的果实留给那些敢为人先的人。所以，成功者总是那些敢做别人不愿意做的事情的人。

每个人都有自己的路，不要跟从别人的脚步，做与别人一样的事

情，走与别人相同的路。要知道，在这个世界上，没有任何成功者的人生是一样的。当你找到属于自己的路，开始做别人不愿意做的事时，你就踏上了成功的捷径。

## 先推动自己，再去推动世界

一个积极主动的人，不会只停留在已有成绩上，他总是不停地开拓，不停地创造。世界是变化的，社会是发展的，因而不能被动地守着原有的东西，而应该是主动地去适应这种变化，不断地创新，不断地前进，不断地获得成功。

不要再被动地等待别人告诉你应该做什么，而是应该主动去了解自己想要做什么，并且规划它们，然后全力以赴地去完成。想想今天世界上最成功的那些人，有几个是唯唯诺诺、等人吩咐的人？

许多人被成功拒之门外，并不是成功遥不可及，而是他们不能发现成功，主动放弃，认定自己不会成功。事实上，只要你每天限定自己一定要超越自我一些，成功便自会出现在你眼前。成大事的人就是如此。要获得卓越成就，你就应该主动追求。思想积极了，你才会摒弃懒散的习性。你必须让潜意识充满积极的想法，无论任何状况，你都要超越自我。

卡耐基曾经说：“只要你向前走，不必怕什么，你就能发现自己，成功一定是你的！”一个有积极态度的人，不会只停留在已有的条件或已有的成绩上，他总是不停地开拓，不停地创造。世界是变化的，社会是发展的，因而不能被动地守着原有的东西，而应该是主动地适应着这种变化，不断地创新，不断地前进。谁有这种主动创新的积极态度，谁就能不断地排除困难，不断地获得成功。

钢铁大王安德鲁·卡耐基，19岁的时候在宾夕法尼亚铁路公司做电报员，一次偶然的机会，卡耐基处理了一件意外事件，使他得到提升。

当时的铁路是单线的，管理系统尚处于初期阶段，用电报发指令只是一种应急手段，有很大的风险，只有主管卡耐基才有权力用电报给列车发指令。斯考特先生经常得在晚上去故障或事故现场，指挥疏通铁路线，因此许多时候他都无法按时来办公室。一天上午，卡耐基到办公室后，得知东部发生了一起严重事故，耽误了向西开的客车，而向东的客车则是信号员一段一段地引领前进，两个方向的货车都停了。到处都找不到斯考特先生，卡耐基终于忍不住了，发出了行车指令。他知道，一旦他指令错误，就意味着解雇和耻辱，也许还有刑事处罚。

卡耐基在《自传》中写道："然而我能让一切都运转起来，我知道我行。平时我在记录斯考特先生的命令时，不都干过吗？我知道要做什么，我开始做了。我用他的名义发出指令，将每一列车都发了出去，特别小心，坐在机器旁关注每一个信号，把列车从一个站调到另一个站。当斯考特先生到达办公室时，一切都已顺利运转了。他已经听说列车延误了，第一句话就是：'事情怎样了？'"

当斯考特先生详细检查了情况后，从那天起他就很少亲自给列车发指令了。不久公司总裁汤姆逊先生来视察，见到卡耐基便叫出他的名字，原来总裁已经听说了他那次指挥列车的冒险事件。

莎士比亚曾说："聪明人会抓住每一次机会，更聪明的人会不断创造新机会。"这是说我们对待机会要采取主动的态度，甚至要用我们的行动增加机会出现的可能性。著名剧作家肖伯纳说过一句非常富有哲理的话："征服世界的将是这样一些人：开始的时候，他们试图找到梦想中的东西。最终，当他们无法找到的时候，就亲手创造了它。"真正的成功者不但要善于把握机会，更要善于创造机会。

其实，在主动进取的人面前，机会是完全可以创造的。新中国石油战线的"铁人"王进喜有一句名言："有条件要上，没有条件创造条件也要上。"创造条件就是创造机会。如果你想要成就某种事业而又不具备相应的条件，你就没有机会，而当你通过努力使自己具备了这些条件，就为自己创造了机会。努力提高自身的能力和水平，增强自身的优势，就会使自己面临更多的机会，对于一个人和一个企业都是如此。

我国著名导演张艺谋在成为大导演之前可谓历经坎坷曲折，但他以进攻的姿态为自己创造了一次次机遇。1978年，北京电影学院在文革后首次招生，按他的家庭情况他是难过政审关的。但他用自己几年来的摄影作品开路，给素昧平生的文化部长黄镇写了一封恳切真诚的信，并附上自己的作品。颇通艺术的部长有强烈的爱才之心，派秘书去电影学院力荐张艺谋，终于被破格录取。尽管在校表现优秀，但命运仍然对他不公，毕业后他被分配到广西电影制片厂这个小厂，但他并没有因处境不佳而自我埋没。外部条件不好，厂小、人少、设备差、技术力量薄弱，是不利的因素。但这里也有大厂所不具备的条件，那就是科班毕业生少，名导演、名摄影师少，因而论资排辈的做法不像大厂那么突出。张艺谋主动请缨，挑起大梁，以卓越的摄影才能，一炮打响，荣获“中国电影优秀摄影奖”，这部电影也成为第五代影人崛起的标志。

做个主动的人，要勇于实践，做个真正做事的人，不要做个不做事的人。创意本身不能带来成功，只有付诸实施时创意才有价值。用行动来克服恐惧，同时增强你的自信。怕什么就去做什么，你的恐惧自然会立刻消失。自己推动你的精神，不要坐等精神来推动你去做事。主动一点，自然会精神百倍。

时时想到“今天”“明天”“将来”之类的句子跟“永远不可能做到”意义相同，要变成“我现在就去做”。立刻开始工作，态度要主动积极，要自告奋勇去改善现状。要主动承担义务工作，向大家证明你有成功的能力与雄心。

有了目标，没有行动，一切都会与原来的目标背道而驰。有了积极的人生态度，没有立即行动，一切都极有可能转向成功的反面。所以说，主动是一切成功的创造者。赫胥黎的名言：“人生伟业的建立，不在能知，乃在能行。”并且不惮其烦地强调“行”乃是扭转人生最有力的武器。

不同的行动就会产生不同的结果，从结果中又可带出新的行动，把我们带向特定的方向，最后就决定了我们的人生。这就是何以少数人能从芸芸众生中脱颖而出的原因，他们不但有行动，并且有不同于一般人的主动。

## 没勇气登高，只能徘徊在底层

一个没有胆识的人，再好的机会到来，也不敢去掌握与尝试；因为不敢尝试固然也就没有失败的机会，但也失去了成功的机运与喜悦。只有勇敢精神才能让平凡的自己做出惊人的事业。没勇气登上顶峰的人，最终只能在山脚徘徊。

人生好比一座山峰，需要我们去攀登。在攀登的过程中，有悬崖也有峭壁，这时就需要有勇气去攀登。勇气是成功的前提，拥有勇气，你就向成功迈进了一步。其实，所谓的成功者，他们与其他人的唯一区别就在于，别人不愿意去做的事，他去做了，而且全身心地去做。所以，成大事其实只需要那么一点点勇气。

强者从来不知道什么叫失败。他们让人敬佩的地方不在于永不失败的精神，而是那屡败屡战、越战越勇，最后达到胜利的勇气。一个人即使什么都没有了，但至少还有勇气，那是人生最大的财富；有了勇气，就拥有了一切，就成了战胜众人、夺得王者之位的强者！

如果失去了金钱，失去的也只是一点点；失去了工作，你就失去了许多；如果你失去了勇气，那你就什么都失去了。有人认为勇气是天生的，事实上，勇气大部分靠的是后天锻炼和培养的。现实中，如果一个人缺少了勇气？哪怕有再多的知识、再强大的体魄，也无济于事。

日本三洋电机的创始人井植岁男，成功地把企业越办越好。有一天，他家的园艺师傅对井植说：“社长先生，我看您的事业越做越大，而我却象树上的蝉，一生都坐在树干上，太没出息了。您教我一点创业的秘诀吧？”井植点点头说：“行！我看你比较适合园艺工作。这样吧，在我工厂旁有2万坪空地，我们合作来种树苗吧！树苗1棵多少钱能买到呢？” “40元。” 井植又说：“好！以一坪种两棵计算，扣除走道，2万坪大约种2万棵，树苗的成本是不到100万元。3年后，1棵可卖多少钱呢？” “大约3000元。” “100万元的树苗成本与肥料费由我支付，以后3年，你负责除草和施肥工作。3年后，我们就可以收入每棵3000元，共2万棵，应为6000万！到时候我们每人一半利润。”听到这里，园艺师傅却拒绝说：“哇？我可不敢做那么大的生意！”最后，他还是在井植家中栽种树苗，按月拿取工资，白白失去了致富良机。

很多时候并不是你的能力不行，也不是你没有机会成就大事业，而是你信心不足，勇气不够，骨子里有一种天然的惰性，一遇上困难就要妥协了，退缩了，放弃了。成功者不是这样，他们敢于与命运抗争，劲头十足，不断前进，直到取得自己满意的结果。

谁也不想使自己的一生碌碌无为，人人梦想一生成功、富贵，可是只有少数人与成功、财富结缘。我们常抱怨自己没有遇到好机会、生不逢时，然而机会一旦降临，你是否有足够的勇气和胆识去把握？中国首富陈天桥无视破产和合作商撤资的危机，坚定自己的信念，勇敢果断地进军网络领域，刮起了一股网络旋风，创造了令人惊叹的财富奇迹。

“勇敢”是一个想获得成功的人必不可少的品质。蒙哥马利在他的回忆录中这样说：“要取得成就有很多必要条件，其中两条非常重要，那就是苦干和正直。现在得再加上一条：勇气。”很多时候，成功的门都是虚掩着的，勇敢地去叩开成功之门，并大胆地走进去，才能探寻出个究竟来。或许，那时置现在眼前的真的就是一片崭新的天地。

一天，某公司总经理向全体员工宣布了一条纪律：“谁也不要走进8楼那个没挂门牌的房间。”但是，他没有解释为什么。此后真的没人违反他的这条“禁令”。

三个月后，公司又招聘了一批新员工。在全体大会上，总经理再次将上述“禁令”予以重申。一个新来的年轻人偏偏来了犟脾气，非要把事情弄个水落石出不可。于是，他决定冒公司之大不韪，走进那个房间探个究竟。这天，他爬上8楼，轻轻地叩了叩那扇门，没有反应。年轻人不甘心，进而轻轻一推，虚掩着的门开了。房间里没有任何摆设，只有一张桌子。年轻人看到桌子上放着一个纸牌，上面用毛笔写着几个醒目的大字——“请把此牌送给总经理”。当年轻人自信地把纸牌交到总经理手中时，仿佛期待已久的总经理一脸笑意地宣布了一项让年轻人感到震惊的命令：“从现在起，你被任命为销售部经理助理。”

在后来的日子里，那个年轻人果然不负众望，不断开拓进取，把销售部的工作搞得红红火火，并很快被提升为销售部经理。事后，总经理才向众人做了如下解释：“这位年轻人不为条条框框所束缚，敢于对上司的话问个‘为什么’，并勇于冒着风险走进某些‘禁区’，这正是一个富有开拓精神的成功者应具备的良好素质。”

一个人的成功并不在于你取得多大成就，而在于你是否具有屡败屡战、敢于坚持的勇气。成功者不比普通者更有运气，只是比普通者多了延续最后5分钟的勇气。意大利著名记者法拉齐说：“人只要有勇气，就没有办不成功的事。”她就是凭着一股勇气，采访了诸多国家的首脑，为人们做出了榜样。

英国19世纪女作家乔治·爱略特曾说：“犹豫代表了胆怯，意味着害怕失败，而丧失勇气去尝试的同时亦失去了唯一一点你可能成功的理由”。在生命的最后瞬间才理解不能犹豫，已经晚矣。人的一生是短暂的，在这一瞬的生命中，带着勇气去敲响成功的大门，你就有成功的希望。要做个成功者，对你来说重要的是学会在困难时刻如何坚持前进。为了尽可能地赢得机会，你必须在紧急情况和发生问题时勇敢面对，坚持下来。只要你积极为克服困难而努力，就会有机会找出新出路之所在，要相信，勇敢出才干。

那些成功的人，即使失败了100次，也会第101次发起冲击，只要有一口气，他就会努力去拉住成功的手，除非上天剥夺了他的生命。奋斗者，破产只是一时；而不去奋斗，则必将一生贫穷。只要你没有失去勇气，敢于拼搏，就一定会取得成功。

## 竞争是快速提高能力的途径

竞争可以进一步促使一个人确立目标和志向，增强自身的活力和动力，缩小自己能力与目标之间的差距。一个人在平等的竞争中，能够充分发挥自己的聪明才智，能够极大地发扬自己的创新智慧。因此，竞争可以成为催人上进的有效动力。

竞争是不可避免的，人与人之间的竞争不见得全是坏事。古人有“并逐曰竞，对辩曰争”的说法，意思是说：你追我赶，互相辩论，就叫做竞争。人若不参加竞争，就不够紧张，不会活跃，内心深处的热情就调动不起来，你自己的潜能就发挥不出来。可见，我国古人对于竞争及其作用，已经有了相当的了解。

实际上，在我们的生活、工作以及从事的各项活动中，都存在着各种形式的竞争。谁的工作业绩最突出，谁的演说口才最好，谁的动手能力最强，甚至谁经常受到单位领导的表扬等，都可能形成无形的竞争。因此，我们在生活和工作中应当自觉培养自己的竞争意识和竞争精神。但是我们总是以为竞争就是带着残酷和血腥的，所以，很长时间内只提倡团结合作，而不提倡竞争。其实，列宁就是竞赛和竞争的倡导者，他认为竞赛和竞争可以“在相当广阔的范围内培植进取心、毅力和大胆首创精神”。

一个人在平等的竞争中，能够充分发挥自己的聪明才智，能够极大地发扬自己的创新精神和奋斗精神。因此，竞争可以成为催人上进、促人前进的有效动力。在心理学中竞争被视为能激发一个人自我提高的一种动机和形式。

在非洲的大草原上，生活着一群羚羊和一群狮子。每天清晨，羚羊枕着露水从睡梦中睁开双眼时，它想到的第一件事就是，今天我必须比跑得最快的那只狮子还要快，否则我就会变成狮子嘴中的美餐。而狮子醒来后也同时在想，我今天要不想饿肚子，就必须比跑得最慢的羚羊更快。于是，在这片广袤无垠的大草原上，几乎是同时，羚羊和狮子一跃而起，迎着朝阳跑去。

动物界如此，我们人类又何尝不是这样呢？在机遇和挑战面前人人平等，如果自己不主动去竞争去抗争，迟早也会和跑得慢的羚羊一样，被别人排挤，甚至被别人吃掉。竞争有如抢滩登陆，这个时候你没有退路，要有置之死地而后生的气概。后退，是江洋大海，生还的希望是没有的；前进，道路崎岖，甚至没有道路。崎岖的道路，你得踏平它；没有道路，就开辟一条。这样等待你的就是成功的喜悦和收获的满足。

现实是残酷的，在人生的竞赛场上，冠军只有一个。成功者的背后，总有一些人被击垮、倒下。要想不倒下，你就得抓住、抢占每一个机遇，击垮所谓的对手。机遇之花在竞争之中盛开。当你获得一次竞争，你就获得了一次可贵的机遇。失败了，你可以积累经验，从头再来；成功了，你的信心会更加强盛，你会感受成功到来的喜悦。这样的事情为什么你要拒绝呢？

一种动物如果没有对手，就会变得死气沉沉。同样，一个人如果没有对手，那他就会甘于平庸，养成惰性，最终导致碌碌无为。一个群体如果没有对手，就会因为相互的依赖而丧失活力，丧失生机。一个行业如果没有了对手，就会丧失进取的意志，就会因为安于现状而逐步走向衰亡。有了对手，才会有危机感，才会有竞争力。有了对手，你便不得不奋发图强，不得不革故鼎新，不得不锐意进取，否则，就只有等着被吞并、被替代、被淘汰。

按照达尔文生物进化论的观点，在自然界中，到处都存在着一种竞争的法则，在这种竞争法则的作用下，这个世界才显得生机勃勃。如果一个物种失去了竞争，这一物种就会失去活力，死气沉沉而陷入灭种的边缘。

在动物界，狼是一种非常聪明的动物，如果让单只狗与单只狼搏斗，败北的肯定是狗。虽然狗与狼是近亲，它们的体型也难分伯仲，但为什么败北的总是狗呢？有人曾就这问题仔细地对狗与狼进行研究。结果发现，经人类长期豢养的狗，因为不需面临生存的危机，狗的脑容量大大小于狼；而生长在野外的狼，为了生存，它们的大脑被很好地开发，不但非常有创造性，而且有着异乎寻常的生存智慧。

竞争意识比较强的人，勇于投入竞争，积极从事各项具有竞争性质的活动，竞争对于这种人的激励作用往往比较大，它可以进一步促使一个人确立目标和志向，增强自身的活力和动力，缩小自己能力与目标之间的差距。相反，一个竞争意识比较弱的人，或者是一个害怕竞争的人，往往会把竞争中一时的胜负看得过重，不容易理解“胜败乃兵家常事”的道理，更缺乏把失败看作成功的先导的胸怀，一旦遇到挫折，就想从该项活动中退出去。

许多的人都把对手视为是心腹大患，是异己，是眼中钉、肉中刺，恨不得马上除之而后快。其实只要反过来仔细一想，便会发现拥有一个强劲的对手，反而倒是一种福分，一种造化。因为一个强劲的对手，会让你时刻有种危机四伏的感觉，他会激发起你更加旺盛的精神和斗志。

事物的法则，永远是用进废退。这是颠扑不破的真理。一个人，要想在异常激烈的社会竞争中不被淘汰，还是有一点生存危机的好。在生活和工作当中出现竞争对手并不是一件坏事情，相反，倒是一件好事，因为他能使你充满活力而富有朝气。

但是，有了竞争对手后，我们还应当树立正确的竞争观念，把对手当做生活的一面镜子，从尊重和欣赏的角度出发，学习对方的长处。在竞争中，不断完善自我，弥补自己的不足，促进自己的发展，这样才能挖掘自己的潜力，踏上成功的道路。

# 胜在险中求，求在险中胜

成就赢家的因素很多，既需要智慧和运气，同时更需要冒险。敢于冒险，这是成功的变化手段。在勇冒风险的过程中，这种经历会不断地向我们提出挑战，不断地奖赏我们，也会不断地使我们恢复活力。

任何领域的领袖人物，他们之所以能够成为顶尖人物，正是由于他们勇于面对风险。勇于冒险求胜，我们就能比想象的做得更多、更好。生命运动从本质上说就是一种探险，如果不是主动地迎接风险的挑战，便是被动地等待风险的降临。

如果去冒险将是用自己现有的安逸去交换充满未知的将来，但同时也要意识到这将是一次实现跨越的绝好机会。有限度地承担风险，无非带来两种结果：成功或失败。如果我们获得成功，我们可以提升至新领域，显然这是一种成长；就算我们失败了，我们也很快可以清楚为什么做错了，学会以后该避免怎么做，这也是一种成长。适当的培育冒险精神，你才有可能突破自我，脱颖而出，走向卓越。

作为青年人，一方面要通过学习和实践不断增长智慧，另一方面还要永远保持冒险精神。自卑自忧、谨小慎微并不是成功者的品质；裹足不前、举棋不定，只能在当今瞬息万变的社会中被淘汰出局。

1990年，在温布尔登举行的网球锦标赛女子组半决赛中，16岁的前南斯拉夫选手塞莱丝与美国女选手津娜·加里森对垒。随着比赛的进行，人们越来越清楚地发现，塞莱丝的最大对手并非加里森，而是她自己。赛后，塞莱丝垂头丧气地说："这场比赛中双方的实力太接近了，因此，我总是力求稳扎稳打，只敢打安全球，而不敢轻易向对方进攻，甚至在加里森第二次发球时，我还是不敢扣球求胜。"

而加里林却恰恰相反，她并不只打安全球。"我暗下决心！鼓励自己要敢于险中求胜，决不能优柔寡断，犹豫不决。"津娜·加里森赛后谈道，“即使失了球，我至少也知道自己是尽了力的。”结果，加里森在比赛中先是领先，继而胜了第一局，后来又胜了一局，最终赢得了全场比赛。

每当人们遇到严峻形势时，习惯的做法是小心翼翼，保全自己。而结果呢？不是考虑怎样发挥自己的实力，而是把注意力集中在怎样才能缩小自己的损失上。正像塞莱丝的经历一样，这种人的结果大都会以不应该的失败而告终。

世上大多数人不敢走冒险的捷径。他们在平平安安的大路上，四平八稳地走着，这路虽然平坦安宁，但他们永远也领略不到奇异的风险和壮美的景致。这种人生是什么样的人生呢？而且，这也是一种难以逃避的风险，是一种越来越无力改善现状的风险。

大家知道通往成功的路上需要冒风险，我们中的许多人惧怕冒险，为什么呢？主要是冒险使我们离开原有的安逸圈子。就好比准备跳下悬崖，而下面却没有一点安全防护措施。如果我们总是选择安稳而放弃尝试一些新鲜的东西，无疑我们的生活会失去一些令人激动的内容。人生需要冒险，强者都有冒险的习惯。太平静的单调生活会让强者失去斗志，失去活力。经常冒险可以保持你对生活的持续热情和永不衰减的情趣感，在这种习惯中，你将拥有永葆活力的生活。

成都人王克信奉“胆大走四方，危险出商机”的理念，他勇敢地冲出国门，把生意做到了动荡不安的柬埔寨，做到了炮火纷飞的伊拉克。因为胆量过人，他在短短的几年时间内积累了数千万资产。

当兵退伍后的王克被安排到政府机关工作。可是王克并不满足，渴望冒险的他觉得每天待在按部就班的机关里太没劲了，终于在1994年，王克辞职自谋生路了。

初到柬埔寨，王克把目光锁定在生活用品的贸易上。为了减少开支，他每天骑着自行车四处推销。在推销过程中，王克还冒风险赊货给客商，销售额由此翻了好几番。从那以后，王克给一些大酒店、大超市送货都是自己亲自开车去。有一次，在送货的过程中，王克遇到了警察与偷车贼的枪战，一颗呼啸而过的子弹距他的脑袋只有10厘米远。虽然这次冒险让王克自己都后怕了好几天，但他做生意极高的信誉度却由此出了名。

几年下来，王克的总资产达到了500多万美元，但王克并没有满足，而是将眼光放到了战火纷飞的伊拉克。从战争打响的第一天开始，王克就开始往返于成都和伊拉克的周边国家，源源不断地向伊拉克输送生活物资。那时候，经常有不知从哪里飞来的流弹从他身边擦过，而火光和爆炸声更是近在咫尺。许多当地的生意人都经受不了这种时时威胁的死亡恐惧而蜷缩起来了，但王克却一直坚守在这片硝烟弥漫的土地上。王克认为，如果一个商人怕冒风险，那还叫什么商人？

尽管冒险被西方心理学家称为一种性格特征，但我们也看到了另一个事实：敢冒险的人总是在冒险，不爱冒险的人总是求稳戒变。在勇于创新的人那里，冒险往往会成为一种具有鲜明特色的个人习惯。我们发现，那些具有冒险精神的人总是在不断尝试各种冒险事情。

其实富人并不比普通人聪明，学识也不一定比一般人多，智商也不一定有多高。这些富人之所以能成功，是因为富人们具有的冒险精神或是敢想敢去做的精神确实比别人多。世界的改变、生意的成功常常属于那些敢于抓住时机，适度冒险的人。有些人很聪明，对不测因素和风险看得太清楚了，不敢冒一点险，结果聪明反被聪明误，永远只能平庸而已。实际上，如果能从风险的转化和准备上进行谋划，则风险并不可怕。

对于那些害怕危险的人，危险无处不在。胆商高的人能够把握机会，该出手时就出手。没有敢于承担风险的胆略，任何时候都成不了气候。而大凡成就大事业的人，都是具有胆略和魄力的。

## 以飞快的脚步追赶无穷的机遇

能够超越你竞争对手的关键，能够帮助你达到目标的关键，能够帮助你成功致富的关键，只有两个，一是行动，二是速度。成功始于心动，成于行动。只有飞快地行动，理想才能够变为现实；只有飞快地行动，才能让自己一步步迫近成功。

生活中，我们总是有希望而不去抓住，有计划而不去行动，坐视各种希望和计划慢慢地离我们远去。行动就是力量，一万个空洞的说教远不如一个实实在在的行动。如果你真的下定了决心并且立刻去做一件事，你的梦想往往会实现。

成功者的成功，要么给普通的人以莫大的成功动力，要么给他们以莫大的压力。成功者都是普通的人，唯一的差别在于他们比普通人多做了某些事情，于是他们成功。你之所以还仅仅是在想成功，是因为现状还没有将你逼上绝路，你还得混下去。篮球场上得分最多的人一定是投篮次数最多的人，同时也是投篮而没有进球的次数最多的人。大量的行动可能包含大量的失败，但同样包含大量的成功。重要的不是有多少次失败，重要的是得到了多少次成功。

机会来临不要犹豫，马上行动，这是你走向成功的必经之路。比尔·盖茨说："你不要认为那些取得辉煌成就的人，有什么过人之处，如果说他们与常人有什么不同之处，那就是当机会来到他们身边的时候，立即付诸行动，决不迟疑，这就是他们的成功秘诀。"

一位原籍上海的中国留学生刚到澳大利亚的时候，为了寻找一份能糊口的工作，他骑着一辆旧自行车沿着环澳公路走了数日，替人放羊、割草、收应稼、洗碗……只要给一口饭吃，他就会暂且停下疲惫的脚步。

一天，在唐人街一家餐馆打工的他，看见报纸上刊出了澳洲电讯公司的招聘启事。留学生过五关斩六将，眼看他就要得到那年薪三万五的职位了，不想招聘主管却出人意料地问他："你有车吗？你会开车吗？我们这份工作时常外出，没有车寸步难行。"

澳大利亚公民普遍拥有私家车，无车者寥若晨星，可这位留学生初来乍到还没有能力买车，也没有学车。为了争取这个极具诱惑力的工作，他不假思索地回答：

"有！会！"

“4天后，开着你的车来上班。”主管说。

4天内要买车、学车谈何容易，但为了生存，留学生豁出去了。他在华人朋友那里借了500澳元，从旧车市场买了一辆外表丑陋的“甲壳虫”。

第一天他跟华人朋友学简单的驾驶技术；第二天在朋友屋后的那块大草坪上模拟练习；第三天歪歪斜斜地开着车上了公路；第四天他居然驾车去公司报了到。时至今日，他已是“澳洲电讯”的业务主管了。

机会稍纵即逝，所以，要把握时机确实需要眼明手快地去“捕捉”，而不能坐在那里等待或因循拖延。西谚说：“机会不会再度来敲你的门。”徘徊观望是我们成功的大敌，许多人都因为对已经来到面前的机会没有信心，而在犹豫之间把它轻轻放过了。机会难再，即使它肯再来，光临你的门前，但假如你仍没有改掉你那徘徊瞻顾的毛病的话，它还是照样要溜走。

我们每个人或多或少都存在着拖延这一不良习惯。拖延是一种危害人成功与发展的恶习，是可怕的精神腐蚀剂。试想一下，你如果拖延了一件事，那必定就占用了之后处理其他事情的时间，如此积累，你将拖延多少事，浪费多少机遇，造成多大的损失呢？不仅如此，拖延的习惯还会滋长人的惰性，一旦产生了惰性，人便失去了前进的动力。拿破仑因为迟到了一分钟而导致兵败滑铁卢，我们又会因为拖延失去什么呢？

决不拖延就意味着高效率的工作，是在相应的时间处理相应的事。拖延是一种顽固的恶习，但绝不是不可改变的天性。一旦你摒弃了拖延的坏毛病，那你就等于成功了一半。

史威兹喜欢打猎和钓鱼。他最大的快乐就是带着钓鱼竿和来福枪进入森林宿营，几天之后再带着一身的疲惫和泥泞心满意足地回来。他唯一的困扰是，这项嗜好会花去太多的时间。有一天，他依依不舍地离开宿营的湖边，回到现实的保险业务工作中时，突然有一个想法，荒野之中，也许有人会买保险。如果真是这样，岂不是在外出狩猎时，他也一样可以工作了吗？果然，阿拉斯加铁路公司的员工正是如此，散居在铁

路沿线的猎人、矿工也都是他的潜在客户。

他立刻做好计划，搭船前往阿拉斯加。他沿着铁路来回数次，“步行的曼利”是那些与世隔绝的人们对他的昵称。他受到热烈的欢迎，他不但是唯一和他们接触的保险业务员，更是外面世界的象征。除此之外，他还免费教他们理发和烹饪，经常受邀成为座上宾，享受佳肴。在短短一年内，他的业绩突破了百万美元，同时享受了登山、打猎和钓鱼的无限乐趣，把工作和生活做了最完美的结合！如果他在梦想产生时，没有立即行动，就可能因此而失去成功的机会。

人生所有的理想和目标都是在付诸了行动后才实现的。如果不行动就不会有任何收获。因此，当你有一个好的计划时先开始做，只有在做的过程中才能发现问题，才能根据出现的问题解决问题，才能把梦想最终变为现实。当你的决心点燃心灵冲动的火花时，你就要想尽一切办法去实现你的愿望，而一旦你的梦想变为事实时，你的自信心会增强，又会促使你在下一次行动时更得心应手，这样就形成了良性循环。

假如你具备了知识、技巧、能力、良好的态度与成功的方法，懂的比任何人都多，但你也可能不会成功。因为你还必须要行动，一百个知识不如一个行动。假如你终于行动了，但还不一定会成功，因为太慢了。在现代社会，行动慢等于没有行动。你只有快速行动，立刻去做，比你的竞争对手更早一步知道、做到，你才有成功的机会。

人生总是有好多的机会到来，但总是稍纵即逝。我们当时不把它抓住，以后就永远失掉了。有计划没有什么了不起，能飞快地执行定下的计划才算可贵。成功人生就是持续不断地向自己发出闪电般的挑战，恒久追寻生命最为壮丽的美好未来。成功的重要秘诀，就是用最短的时间采取最大量的行动。

# 第03章

## 有勇有谋，20几岁做第一更要做唯一

### 气魄大才可做大，起点高才能至高

梦想越大，成就越高，越是卓越的人生越是梦想的产物。如果一个人把目标定得过低，那他想要取得高层次的成功便会很困难。一个梦想大的人，即使没有达到最终目标，可他实际达到的目标都可能比梦想小的人的最终目标还大。

不少人认为天才或成功是先天注定的。但是，世上被称为天才的人，肯定比实际上成就天才事业的人要多得多。为什么许多人一事无成，就是因为他们缺少雄心勃勃、排除万难、边向成功的动力，不敢为自己制定一个高远的奋斗目标。不管一个人有多么超群的能力，如果缺少一个认定的高远目标，他将一事无成。设定一个高目标，就等于达到了目标的一部分。

很多时候，我们有一番雄心壮志时，就习惯地告诉自己："算了吧，我想的未免也太过了，我只有一个小锅，可煮不了大鱼。"我们甚

至会进一步找到借口来劝退自己："我的胃口没有那么大，还是挑容易一点的事情做就好。别把自己累坏了。"其实，你应该放开思维，站在一个更高的起点，给自己设定一个更具挑战性的标准，才会有准确的努力方向和广阔的前景。切不可做"井底之蛙"。在订立目标方面，千万不要有"宁为鸡首，不为牛后"的思想。

"眼睛所看着的地方就是你会到达的地方。"戴高乐说，"唯有伟大的人才能成就伟大的事，他们之所以伟大，是因为决心要做出伟大的事。"教田径赛的老师会告诉你："跳远的时候，眼睛要看远处，你才会跳得更远。"

几年以前的一个炎热的日子，一群人正在铁路的路基上工作，这时，一列缓缓开来的火车打断了他们的工作。火车停了下来，最后一节车厢的窗户打开了，一个低沉的、友好的声崔响了起来："大卫，是你吗？"大卫·安德森——这群人的负责人回答说："是我，吉姆，见到你真高兴。"于是，大卫安德森和吉姆·墨菲——这条铁路的总裁，进行了愉快的交谈。在长达一个多小时的愉快交谈之后，两人热情地握手道别。

大卫·安德森的下属立刻包围了他，他们对于他是墨菲铁路总裁的朋友这一点感到非常震惊。大卫解释说，二十多年以前他和吉姆·墨菲是在同一天开始为这条铁路工作的。其中一个人半认真半开玩笑地问大卫，为什么他现在仍在骄阳下工作，而吉姆·墨菲却成了总裁。大卫非常惆怅地说："23年前我为一小时两美元的薪水而工作，而吉姆·墨菲却是为这条铁路而工作。"

梦想越大，成就越高，人生真的是梦做出来的。越是卓越的人生越是梦想的产物。可以说，梦想越高，人生就越丰富，达成的成就越卓越。梦想越低，人生的可塑性越差。也就是惯常说的："期望值越高，达成期望的可能性越大。"把你的梦想提升起来，它不应该退缩在一个不恰当的位置，要学会接受梦想的牵引。

美国潜能成功学大师安东尼·罗宾说："如果你是个业务员，赚1万美元容易，还是10万美元容易？告诉你，是10万美元！为什么呢？如果你的目标是赚1万美元，那么你的打算不过是能糊口便成了。如果这就是你的目标与你工作的原因，请问你工作时会兴奋有劲吗？你会热情洋溢吗？”

一个梦想大的人，即使没有达到最终目标，可他实际达到的目标都可能比梦想小的人的最终目标还大。所以，梦想不妨大一点，梦想可以燃起一个人的所有激情和全部潜能，载他抵达辉煌的彼岸。有了梦想，不要把“梦”停留在“想”，一定要付诸行动，制定目标，可以带给我们真正需要的方向感。独具慧眼的人，决不会把视野局限在眼前的小利上，而是用极有远见的目光关注未来。

作为一个在奥地利长大的年轻人，施瓦辛格下定决心要用一生去做出一些不平凡的事来——要成为有史以来最伟大的健美运动员。许多人都认为他疯了，认为他最终会放弃这个目标，因为这需要大量的时间和献身精神。他们认为他一定会放弃这个目标，忘却这个愚蠢的念头，去找一份“现实的”工作。于是阿诺德又给自己的梦想增加了另一项内容：他不但要成为世界上最伟大的健美运动员，而且还要成为一位电影明星和国际健美界的领袖！

朋友们都说：“这个想法太疯狂了！”但施瓦辛格把自己的梦想写在一张卡片上，并且把它放在钱包里，随身携带。他跟自己订了一个合同，他一定要实现这些目标。他说正是这份合同促使他、逼着他来到美国，开始向着成为奥林匹亚先生而努力。他坚持不懈，终于成为好莱坞片酬最高的男演员之一，并且成为健美协会的主席。

开始时心中就怀有一个高的目标，会让你逐渐形成一种良好的工作方法，养成一种理性的判断法则和工作习惯。如果一开始心中就怀有最终目标，就会呈现出与众不同的眼界。有了一个高的奋斗目标，你的人生也就成功了一半。如果思想苍白、格调低下，生活质量也就趋于低劣；反之，生活则多姿多彩，尽享成功乐趣。

很重要的一点是，你的目标越大，你的成就就越大。洛克菲勒说：“你要永远记得，构建伟大的梦想不一定比构建渺小的梦想花费你更多的时间和精力，而它却会带给你更多的回报。”当你的工作只是为了自已短期的利益时，你的动力不是最强烈的，一旦遇到挫折就会放弃。当你的工作是为了长期的利益而着想时，你的动力是强烈的，一旦遇到挫折，你会为了这种使命感而坚持到底并全力以赴。成功者时之所以有强大动力和不断的努力，在于他们内心深处都有一种使命感。

在决定一个人成功的因素中，体力、智力、接受教育的程度都在其次，最重要的是一个人梦想能力的大小！有史以来所有成功的案例都反复证明了一个道理，高瞻远瞩的梦想是神奇无比、无坚不摧的。你只需调动你所有的潜能并加以运用，便能带你脱离平庸的人群，步入精英的行列之中！

## 人可以低一时，但不能低一世

成功与目前的境况无关。过去决定了现在，而不能决定未来，只有现在的作为及选择才能决定我们的未来。起点的高低因人而异，但起点低绝对不是没志气。起点低，没关系，只要认准目标，踏踏实实地干，你就能成功。

在我们还没有成功以前，常常会遭遇歧视、侮辱和不公对待，使我们既伤心又愤怒。但是，伤心也好，愤怒也好，都不解决任何问题。唯一正确的做法是自强自立。俗话说“生气不如争气”，这是一个简单朴素的道理。其实，无论遇到什么问题和困难，伤心、愤怒、焦躁、恐惧等都有害无益，唯一正确和有效的做法是冷静理性地思考如何解决问题。

抱怨的结果只能是使人精神更颓废，如果一个人把眼光拘泥于挫折的痛感之上，他就只能使自己更加痛苦。因此，在遭遇到困难的时候，不可专注于灾难的深重，而应当努力去寻找希望，努力去寻求可改变现实的积极之路。大哲学家尼采说过：“受苦的人，没有悲观的权力。”

因为受苦的人，必须要突破困境，才能不再受苦，而悲伤和哭泣只能加重伤痛，所以不但不能悲观，反而要比别人更积极。

不管你出身贵贱，学问高低，相貌美丑，只要你心中藏着一股气，一股不会泄的志气，你就能飞上天，成为一颗耀眼的明星。

美国汽车大王亨利·福特年轻时，曾在一家修车厂做修车工人。有一次刚领了薪水，他兴致勃勃地到一家一直十分向往的高级餐厅吃饭。可亨利·福特在餐厅里呆坐了差不多15分钟，居然没有一个服务生过来招呼他。最后，餐厅中的一个服务生勉强走到桌边，问他是不是要点菜。

亨利·福特连忙点头说是，只见服务生不耐烦地将菜单粗鲁地丢到他的桌上。亨利·福特刚打开菜单，看了几行，服务生就用轻蔑的语气说道："菜单不用看得太详细，你只适合看右边的部分（意指价格），左边的部分（意指菜色），你就不必费神去看了！"

亨利·福特非常地生气，恼怒之余，不由自主地便想点最贵的大餐。但一转念之间，又想起口袋中那一点点可怜微薄的薪水，不得已，咬了咬牙，只点了一份汉堡。

服务生离去之后，亨利·福特并没有因为花钱受气而继续恼恨不休。他反倒冷静下来，仔细思考，为什么自己总是只能点自己吃得起的食物，而不能点自己真正想吃的大餐。从那之后，亨利·福特给自己立下志向，不管怎样，以后一定要成为社会中顶尖的人物。后来，亨利·福特一直朝着自己的梦想前进，最终由一个平凡的修车工人，逐步成为美国叱咤风云的汽车大王。

贫穷不是错误，我们所有的人原本都可能是贫穷的，差距是在后来的岁月里逐渐形成的。别抱怨自己卑微的起点，那不是你一生平庸的理由，也不是你没有出类拔萃的根据。卑微的理由可以有千万条，而杰出的原因则只需要那么一丁点儿。生命开始的地方可以千姿百态，成功和财富开始的地方需要的只是用心耕耘。

成功或失败都不是一夜之间造成的，平凡的积累就是不平凡，一切伟大的行动和思想，都有一个微不足道的开始。科学家罗素曾说过这样的一句话："从科学意义上来说，人类社会没有天才，成功者也非天才，成功者之所以成功，主要是自信、主动决定了他走向成功。"

只要肯用心，任何卑微的人都能从最平凡的工作中做出最不平凡的成绩，就可以成长为富有的人、成功的人、你羡慕和希望成为的人！面对屈辱，我们要努力把它变成好事。屈辱是一种精神上的压迫，它像一根鞭子，鞭策你鼓足勇气，奋然前行。要懂得痛定思痛，苦中吃苦。有一位智者说："无论怎样学习，都不如他在受到屈辱时学得迅速、深刻、持久。"的确，屈辱能使人学会冷静、学会思考。

在世界巨富洛克菲勒上中学时的一天下午，有一位摄影师来拍一些学生上课时的情景照。洛克菲勒那双兴奋的眼睛注视着那位弯腰取景的摄影师，希望他早点把自己拉进相机里。但令洛克菲勒失望的是，那个摄影师却用手指着洛克菲勒对老师说："你能让那住学生离开他的座位吗？他的穿戴实在是太寒酸了。"当时只是个弱小学生的洛克菲勒无力与老师抗争，只得默默地站起身来。在那一瞬间，洛克菲勒感到自己的脸在发热，但他并没有动怒，也没有自哀自怜，更没有暗怨自己的父母没有让自己穿得体面些，因为他知道，父母为他能受到良好的教育已经竭尽全力。看着在那位摄影师调动下的拍摄场面，洛克菲勒攥紧了拳头，向自己郑重发誓：总有一天，我会成为世界上最富有的人！让摄影师给你照相算得了什么，让世界上最著名的画家给你画像才是你的骄傲！

后来，洛兑菲勒在给儿子约翰的信中回忆了这个刻骨铭心的经历："约翰，我的儿子，我那时的誓言已经变成了现实。在我眼里，侮辱一词的词义已经转换，它不再是剥掉我尊严的利刃，而是一股强大的动力，排山倒海一般，催我奋进，催我去追求一切美好的东西。如果说是那个摄影师把一个穷孩子激励成了世界上最富有的人，似乎并不过分。"

伟大人物无一不是由苦难而造就的，一个人如果好逸恶劳，就无法战胜困难，也绝不会有什么前途。没有经历困难的人，他的生命是不完整的。贫穷好像运动器械，可以锻炼人，使人体格强健，所以贫穷是我们成就事业最有利的基础。安德鲁·卡内基说：“一个年轻人最大的财富莫过于出生于贫穷之家。”贫穷本是困厄人生的东西，但经过奋斗而脱离贫穷，便是无上的快乐。

无论你的自身条件多么不好，你的身世多么不幸，只要你有积极的心态，你就能成为一个有价值的人，你就能交上好运获得成功！成功来源于强烈的企盼，孕育于痛苦的挣扎，是追寻自我，敢于冒险，最终超越自我的一种必然。只要付诸奋斗，成功就会向你招手。

起点低，没关系，但起点低绝对不是没志气。不论何时，都要高悬理想的明灯，树立起坚强的精神支柱。当你受到屈辱时，把它吃到嘴里，狠狠地嚼碎，然后吞到肚子里消化掉，化成一股热量，向前奔跑！

## 意识到自己的无知，是有知的开始

要想取得成功，必须有敢于承认不足的勇气，意识到自己的不足，是一种期待成长的勇气。意识到自己的不足，敢于面对自己的缺点并虚心学习，取长补短，就能不断地提升自身的实力，让自己立于不败之地。

人们对于新事物总是有一个从无知到有知、由浅入深逐步认识的过程。人们对世界的认识和所要掌握的知识、技能是无限的，而一个人无论多么聪明，多么有才华，他的知识和本领也是非常有限的。所以，应该谦虚一些，多向别人学习。

真正谦虚谨慎的人，必定会做到虚怀若谷。俗话说：一瓶子不满半瓶子晃。这句话形象地说明了骄傲自满的人，往往是那些肚子里没有多少“货”的人。更可悲的是，这些人往往没有自知之明，总以为别人不如自己，常以“老子天下第一”自居。其实，恰恰是因为这些人的无知，才使他们变得狂妄而可笑，这样的人是不能取得成功的。

闻一多说：“我们不怕承认自身的‘弱’，愈知道自身弱在哪里，愈好在自己的岗位上来尽力加强它。”虚怀若谷的人，不会被头上各色各样的光环所蒙蔽。他清楚自己的长处与弱点，失败与成就。他能虚心接受不同的意见，更能以宽广的胸怀接受他人的批评，甚至为批评自己的人鼓掌。

著名科学家玻尔就是这样一位极其尊重他人但又非常坚持真理的人。当他想提出不同意见时，他常常预先声明：“这不是为了批评，而是为了学习。”这句话后来成为一句名言被人印在一期物理杂志的封面上，作为献给玻尔的生日礼物。一次，有人发表学术演讲，效果非常糟糕，但玻尔仍然热情地对演讲者说：“我们同意你的观点的程度，也许比你所想象的还要大!”玻尔同爱因斯坦展开过一场为期近三十年的学术大争论，两人的观点完全相对立。但爱因斯坦认为，在反对他的观点的阵营中，玻尔是最接近于公正地处理他所代表的学术观点的人。玻尔的这种态度及他在为人方面的其他杰出表现，不但有助于他取得巨大的学术与教育成就，而且使他深受人们爱戴，使他的为人往往比他的科学教育成就更为人们所仰慕和歌颂。

谦逊这种品质对我们来说，意味着我们要养成善于正确看待自己优缺点的习惯。中国有句古话，叫做学海无涯苦作舟，告诉了我们面对知识的海洋，个人的见识是多么的渺小。无论人家怎样夸奖你，你都要明白，你还远不是个尽善尽美的人。骄傲是人类的宿敌，如果不战胜它，就会毁了我们自己。

2001年，在上海举办的APEC会上，比尔·盖茨说：“在知识经济时代，知识是你成功发展的基本条件”，无知就等于无能！”同样，在古希腊的德尔斐神庙里，刻着一句传诵千古的话：认识你自己！大哲学家苏格拉底对它给出了一个最好的诠释：“我唯一知道的一件事情，就是我自己什么也不知道。”正是这种谦虚心态，才成就了苏格拉底的深厚哲学思想。

永远追求进步可以为成功提供持久的动力，创造性的思考和批判性的思考结合起来，就能创造色彩斑斓和充满活力的生活。阿里巴巴的创立者马云曾说自己是一个“三天没有新的想法就难受”的人，他虽然不懂互联网技术，却成为了电子商务的领军人物。相反的是，自满的人不会拥有继续前进的动力，优秀和卓越也会离他而去。因此，哪怕我们已经有所成就，也有必要始终保持一种危机感，不断追求进步，不断有新的作为。

伟大的科学家牛顿费尽心血，算出万有引力定律，却没有急于发表，而是继续孜孜不倦地深思了数年，又研究了数年，埋头于数字计算之中，从未对任何人讲过一句。后来，牛顿的朋友，大天文学家哈雷（彗星的发现者），在证明一个关于行星轨道的规律遇到困难时，专程登门请教牛顿。牛顿把自己关于计算万有引力的书稿交给哈雷看。哈雷看后才知道他所要请教的问题，正是牛顿早已解决、早已算好的问题，心里钦佩不已。

在1684年11月某一天，哈雷又到牛顿的寓所拜访。当谈到有关天文学的学术问题时，牛顿拿出论证万有引力的论文，请哈雷提意见。哈雷看后，对这巨著感到非常惊讶。他欣喜地对牛顿说：“这真是伟大的论证，伟大的著作!”他再三奉劝牛顿尽快发表这部伟大著作，以造福于人类。可是牛顿没有听信朋友的好意劝告去轻易地发表自己的著作，而是经过长时间的一丝不苟的反复验证和计算，确认正确无误后，才于1687年7月将《自然哲学的数学原理》发表于世。

如果你过分注重或满足于一次小小成功所带来的惊喜与荣誉之中，那只能束缚再次超越自己能力的发挥。你应该不时地发觉自身的不足，向自己来一次全新的挑战；然后通过不懈的努力，来弥补那些缺陷，使自己生命的轨迹不断向前。

越是有成就的人，态度越谦虚，相反，只有那些浅薄地自以为有所成就的人才会骄傲。美国石油大王洛克菲勒说：“当我从事的石油事业蒸蒸日上时，我晚上睡前总会拍拍自己的额角说：‘如今你的成就还是微乎其微！以后路途仍多险阻，若稍一失足，就会前功尽弃，勿让自满的意念侵吞你的脑袋，当心！当心！’”这就是告诫人们要谦虚，尤其是稍有成就时应格外小心，不要骄傲。

要想取得成功，不但要有不断地学习新知识的渴望，而且要有敢于承认不足的勇气，之后正确地评估自己的目标和能力，然后模仿、运用、调适。敢于不如人，是一种期待成长的勇气，也是某种程度上的自信。只有敢于不如人，才能最后胜于人。

一个人聪明、有才华是好事，但如果不能做到正确对待，可能会被聪明所累、所误。相反，一个才能平平的人，如果能够做到谦虚谨慎，虚怀若谷，并且努力学习，也是能够提高自己的能力的。

## 只接受最好的，经常会得到最好的

只接受最好的，意味着不断地超越自我，不断地再造辉煌。不是最好就要努力成为最好，而即使你是最好，也可以做得更好。只接受最好的，激励每个人奋力前行、追求卓越。它如同成功路上的一盏明灯，指引人永不满足地向着光辉的顶点前行。

只接受最好的，这不仅仅是一句口号，更是成功者脱颖而出的诀窍。常言道，思想是行动的指南，思想有多远，路就能走多远。成功者最初也是从一个小小的“最好”信念开始的，信念是所有奇迹的萌发点。没有“最好”的思想，又怎能得到“最好”呢？要知道，一个人一旦满足于自己目前获得的成就，便失去了继续前进的动力，不再追求更高的目标。而在这个竞争日趋激烈的社会，一旦你停止前进，便会被别人所赶超。不前进便意味着后退，就可能被无情地淘汰。

成功者永远有超出众人之外的、敢于只要最好的心态。在成功之前，懂得必须以高于普通人的眼光来看待自己，否则自己永远都是一个弱者。在他们身上所体现出来的这种“只要最好”的精神，是一个人不断进取的标志，它不允许人懈怠，它召唤每个人向更高层次的方向去努力、去进取。它告诉人们，如果你认为自己只具有鞋匠的天赋，你也应该争取做世界上首屈一指的制鞋大王。不想做得更好，就会做得更差。

英国新闻界的风云人物，伦敦《泰晤士报》的老板来斯乐辅爵士，在刚进入该报社时，就不满足于九十英镑周薪的待遇。经过不懈的努力，当《每日邮报》已为他所拥有的时候，他又把取得《泰晤士报》作为自己的努力方向，最后他终于猎狩到他的目标。

来斯乐辅爵士一直看不起生平无大志的人，他曾对一个服务刚满三个月的助理编辑说："你满意你现在的职位吗?你满足你现在每周五十磅的薪金吗?"当那位职员答复已觉得满意的时候，他马上把他开除，并很失望地说："你应了解，我不希望我的手下对每周五十磅的薪金就感到满足，并为此放弃自己的追求。"

失败的人有失败的心态，成功的人有成功的心态。心态影响思想，思想影响行为，这是一连串的因果效应。求最好，自然也要有强烈的渴求心态，要最好就要先想最好，连想最好的心态都没有是不可能得到的。

大多数的人之所以没有大的成就，就是因为他们太容易满足而不求进取，他们一生只会盲目地工作，挣取足够温饱的薪金。他们心里常这样想："我现在的生活充满喜悦和满足，以后要怎么做才能维持目前的这种状态呢?"这些人对现状心满意足，一心一意想要继续维持下去。然而，"要维持现状"这种观念是采取"守"的态度，终究只是一种消极的态度，没有积极向前的动力，成长便会停顿。

但是大多数的成功者就绝不是这样，他们会尽力寻求对自己现状不满足的地方，以发现自己的缺点，并加以改进。不满足，是进步的先决条件，不满足才能锐意进取，时时要求更好，时时努力超越自己。

希望和欲念是卓越者成功不竭的原因所在。无论在什么境况中，他们都有继续向前行的信心和勇气，生命的生动在于他们永远不放弃。谁能接受挑战，谁就能取得胜利。而这些胜利在那些没有希望和欲念的人看来，是不可能取得的。敢于接受挑战的勇气和"只要最好"的精神，可以帮助人们征服整个世界。

20世纪30年代，在英国一个不出名的小镇里，有一个叫玛格丽特的小姑娘，自小就受到严格的家庭教育。父亲从小就给她灌输这样的理念：无论做什么事情都要力争一流，只要最好的，即使是坐公共汽车，你也要永远坐在前排。玛格丽特在她父亲的“无情”教育下，从来不敢说“我不能”“太难了”之类的语言。这样的要求对于一个小姑娘来讲可能可能太高了，太难做到了，但后来的事情证明父亲是正确的。正因为从小就受到父亲的“残酷”教育，才培养了玛格丽特积极向上的决心和信心。在以后的学习、生活或工作中，她时时牢记父亲的教导，总是抱着一往无前的精神和必胜的信念，尽自己最大努力做好每一件事情，事事必争一流，以自己的行动实践“只要最好”的目标。

玛格丽特在上大学时，学校要求学五年的拉丁文课程，她凭着自己顽强的毅力和拼搏精神，在一年内就全部学完了。令人难以置信的是，她的考试成绩竟然名列前茅。其实，玛格丽特不仅在学业上出类拔萃，她在体育、音乐以及学校的其他活动方面也都一直走在前列，是学生中凤毛麟角的佼佼者。当年她所在学校的校长评价她说：“她无疑是我们建校以来最优秀的学生，她总是雄心勃勃，每件事情都做得很出色。”

正因为如此，44年以后，玛格丽特成为了世界政坛上一颗耀眼的明星，她就是保守党领袖并于1979年成为英国第一位女首相、雄踞政坛长达11年之久、被世界政坛誉为“铁娘子”的玛格丽特·撒切尔夫人。

在这个世界上，想要最好的人不少，真正能够做到最好人的却不多。大多数的人之所以不能拿到最好的，是因为他们把最好的仅仅当成一种人生理想，而没有采取具体行动。那些最终得到最好的人之所以成功，是因为他们不但有理想，更重要的是他们把理想变成了行动。

只接受最好的，是一种积极的人生态度，激发你一往无前的勇气和争创一流的精神。只接受最好的，更是一种追求、一种信念、一种无畏，一种越过冷漠荒原后看到生命绿洲的快乐。因为挑战，任何一条路都有可能；因为挑战，你的潜能会被无限的激发，你会惊喜地发现自己是如此优秀。

要知道，山外有山，天外有天。在21世纪，竞争没有疆界，你应该开放思维，站在一个更高的起点，给自己设定一个更具挑战的标准，才会有准确的努力方向和广阔的前景。“只接受最好的”如同成功道路上的一盏明灯，让人们永远向着光明的前方奋进。

## 自我推销是迈出众人行列的捷径

一个优秀的人，如果只是深藏不露，即使他有绝世的才华，也渐渐会被埋没。在关键时刻恰当地张扬一下，不失为一个引起别人注意的好方法。相信自己的能力，相信自己的才华，而且勇敢地在别人面前表达出来，你就会接近成功。

机遇是人生的转折点，是事业的起跑线，但机遇不会平白无故降临到自己头上。要想获得机遇，就要善于表现自己，把主动权掌握在自己手中。纵观世界上能成就大事的人，往往不是那些幸运的宠儿，反而是那些都没有机会的苦孩子，如富尔顿、华特耐、霍乌、法拉利、贝尔，但是他们却创造了属于自己的机会，而成就了自己。要是你只在等待机会，等待人家的提拔，等待别人的帮助，你一生将永远无所作为。

一个人要想有所成就，就不要奢望别人主动地来关注自己，而是要积极主动地把自己的才干展示给他们看。一次不行，就多表现几次，在一个地方表现无效，就在多个地方进行表现。表现多了，被发现、被赏识的可能性就会增大。把自己的美展示给别人，从而赢得机遇的青睐，仅仅需要一些勇气。

只要你积极进取，捕捉到一个适当的机遇，你就成功了一半。正如培根所说：“善于在做一件事的开始时识别时机，实在是一种极难得的智能。”善于抓住机遇、把握机遇、捕捉机遇，便能开创一个辉煌灿烂的前程。

一位刚毕业的女大学生到一家公司应聘财务会计工作，面试时即遭到拒绝，因为她太年轻。女大学生却没有气馁，一再坚持。她对主考官说：“请再给我一次机会，让我参加完笔试。”主考官拗不过她，答应了她的请求。结果，她通过了笔试，由人事经理亲自复试。

人事经理对这位女大学生颇有好感，因她的笔试成绩最好。女孩的话让经理有些失望，她说自己没工作过，唯一的经验是在学校掌管过学生会财务。他们不愿找一个没有工作经验的人。人事经理只好敷衍道：“今天就到这里，如有消息我会打电话通知你。”

女孩从座位上站起来，向人事经理点点头，从口袋里掏出一美元，双手递给人事经理：“不管是否录取，请都给我打个电话。”人事经理从未见过这种情况，竟一下子呆住了。不过他很快回过神来，问：“你怎么知道我不给没有录用的人打电话?”

“您刚才说有消息就打，那言下之意就是没录取就不打了。”人事经理对这个年轻女孩产生了浓厚的兴趣，问：“如果你没被录用，你想知道些什么呢?”

“在什么地方不能达到你们的要求，我在哪方面不够好，我好改进。”说完，女孩微笑着解释道：“给没有被录用的人打话不是公司的正常开支，所以由我付电话费，请你一定打。”

人事经理马上微笑着说：“请你把一美元收回。我不会打电话了，我现在就正式通知你，你被录用了。”就这样，女孩用一美元敲开了机遇大门。

其实道理很清楚：一开始便被拒绝，女孩仍要求参加笔试，说明她有坚毅的品格；她能坦言自己没有工作经验，显示了一种诚信；即使不被录取，也希望能得到别人的评价，说明她有直面不足的勇气和敢于承担责任的上进心；女孩自掏电话费，说明了思维的灵活性，她巧妙地展示了自己公私分明的良好品德，这更是财务工作不可或缺的。

俗话说：“美玉藏于深山，人不知其美；黄金埋于地下，人不知其贵。”一个优秀的人，如果只是深藏不露，而不能表现自己，人们就不能看到他存在的价值。这样下去，即使他有绝世的才华，也渐渐会被埋没。现在是一个讲究张扬自己个性的时代，尤其是身处职场上的人们，在关键时刻恰当地张扬也就是“秀”一下，不失为一个引起别人注意的好方法。天上不会掉馅饼，机会是要靠创造的。相信自己，相信自己的能力，相信自己的才华，而且勇敢地在别人面前表达出来，你就会接近成功。

许多事物的契机，常在一瞬之间就发生意想不到的变化。能不能审时度势，捕捉时机，是胜者和败者区别的关键所在。优秀的人做事，总是勇于进取，迅速行动，善于发现并把握身边的机遇，从而取得了很大的成功。

原微软(中国)有限公司总经理吴士宏，在1985年离开了原来毫无生气甚至满足不了温饱的护士职业，她鼓足勇气，走进了世界最大的信息产业公司IBM公司的北京办事处。面试像一个筛子。两轮的笔试和一次口试，她都顺利地滤过了严密的网眼。最后主考官问她会不会打字，她条件反射地说：“会！”

“那么你一分钟能打多少？”

“您的要求是多少？”

主考官说了一个标准，吴士宏马上承诺说她可以。因为她环视四周，发觉考场里没有一台打字机，果然，主考官说下次录取时再加试打字。

实际上吴士宏从未摸过打字机。面试结束，她飞也似的跑回去，向亲友借了170元买了一台打字机，没日没夜地敲打了一星期，双手疲乏得连吃饭都拿不住筷子，她竟奇迹般地敲出了专业打字员的水平。以后好几个月她才还清了这笔不少的债务，而IBM公司却一直没有考她的打字功夫。吴士宏就这样成了这家世界著名企业的一个最普通的员工。

在人生的旅途中，每个人都会遇到很多成功的机会。在机会面前每个人的态度是不相同的。有的人把握住机会，努力发展；有的人和机会擦肩而过，视而不见；有的人寻求机会，捕捉超越的空间；有的人不思进取，坐等机会的到来。我们应以积极的态度，捕捉机会，把握机遇，为自己寻找一片翱翔的艳阳天。

有很多的人在苦苦等待机会降临在自己的身上。但是殊不知，一味地等待机会的降临是一种多么无知而可笑的想法。就像成功学大师卡耐基所说："没有机会，这是失败者的推诿，许多奋斗者的成功，都是他们用自己的能力去创造机会的。"

任何人的成功都是来自于自觉自愿地去寻找机会、发挥创造力。那些甘于沉沦和平庸的人最终会沉沦和平庸下去，而那些主动执行、善于创造机会的人，则从最平淡无奇的生活中找到一丝微弱的机会，他们用自身的行动改变了他们的处境。

## 不仅要尽力而为，还要竭尽全力

不管做什么事，都要竭尽全力。这种精神的有无，可以左右一个人日后事业上的成功或失败。一个人一旦领悟了全力以赴地工作这一秘诀，他就掌握了打开成功之门的钥匙，能处处以全力以赴的态度工作，即使从事最平庸的职业也能增添个人的荣耀。

人的一生中，会有许多的机会和困难，面对此情此况，你是全力以赴还是尽力而为呢？在今天竞争激烈的社会，你只有全力以赴去做每件事情，才能有一个好结果和好成绩。全力以赴是一种精神，一种积极主动、永远奋力向前的精神；是一种态度，一种不计报、不畏艰难、不找任何借口、倾其全力去完成任务的态度；是任何一个成功者所必备的素质。

海明威曾经说过："一个人只要全力以赴地去做一件事，不论结果如何，他都是成功者。相反，一个人如果没有全力以赴，即使得了第一，又能问心无愧吗？"不要过多地在意结果，要注重过程。我们会发现，只要全力以赴，总会有人为你喝彩。

生活中，经常会出现种种山穷水尽的情况，无论是尽力而为还是全力以赴地去解决，都可以出现成功与不成功两种结果，但体现出的是对人生、对自身潜能截然不同的态度。尽力而为是一句脱辞，是对自己解决问题态度的一种主观原谅；全力以赴则是对自身潜能的最大挖掘，是对一个问题的执著与负责，是必要时进行自救的法宝。

威廉姆一次带上猎狗去打猎，很快猎狗就发现了不远处有了目标——一只大野兔正恐慌地逃跑，猎狗就追了上去。追了好长时间，猎狗还是没有将野兔抓住。野兔心想：“如果我不逃，我这一生就从此结束了。”而猎狗心里想着：“追不到你也没有关系，最多是挨一顿骂，或饿一餐，也不至于会失掉性命。如果下次再让我遇到，一定不会放过你。”野兔抱着“不成功便成仁”的决心，猎狗抱着“这次不成功，以后还有机会的心理”，最终野兔逃掉了，猎狗筋疲力尽，无功而返。

那些有成就的人，凡事一定先下定了追求成功的决心。征服珠穆朗玛峰的登山者说：“我要全力以赴地做到这件事。”凡事尽力而为是不够的，尤其是现在这个竞争激烈的年代，尤其是趁你还年轻的时候，必须全力以赴才行，如此才有可能得到希望的结果。

生活中，当我们决定要做某件事情后，就不要再后悔，全力以赴将所有的精力都放在这件事情上，成功就会属于我们。世上无难事，只要肯攀登，竭尽全力做好每件事，对自己抱有坚定的信心，就能成功。不管周围的风光再旖旎，也不要放慢我们前行的脚步。

成功的一切结果都是建立在全力以赴、尽职尽责做好工作的基础上。不要小看一些小事，它往往成为决定成败的关键。所以，无论是什么工作，无论是不是大事，无论是不是你分内的事，你都应该抱着“既然做了就一定要竭尽全力”的想法。无论做什么都怀着必胜的信念全力以赴，它将引领你进入成功的殿堂。

娜拉小时候学芭蕾舞时，父亲对她严格得近乎残酷。每当她想停下来休息时，父亲总是问：“你竭尽全力了吗？”娜拉便咬着牙继续练，到筋疲力尽无法站立时，才瘫坐在地上休息。日复一日枯燥乏味的练功生活使娜拉觉得学芭蕾舞简直是一种痛苦，她开始厌烦练功，打算放弃芭蕾。父亲得知后说："你今天放弃了芭蕾，明天还会放弃别的，因为干任何事情都会遇到无法预料的艰难。如果你决定去做什么事，你就要用尽全力去做，否则你会一事无成。"

娜拉委屈地说："可我天天的生活都是一样的，那就是练功。"父亲说："任何一个学芭蕾舞的人都是这样，别人都能做到，你为什么不能，除非你是弱者。"

娜拉不想成为弱者，她用父亲经常说的"你竭尽全力了吗？"这句话激励自己，练功累了就用海绵擦洗一下四肢，借以恢复体力。最后她的舞步练得灵巧如燕，终于成了一名著名的芭蕾舞演员。

追求成功就要信仰成功，信仰成功才会每时每刻都竭尽全力，而不是偶尔竭尽全力，成功与失败只差这么一点。在做事时，只要你竭尽所能，做得比一般人更好、更精确，你自然能引起上司的重视，而使你不断发展和进步。事实上，各行各业都需要全心全意、尽职尽责的人，所以，不管从事什么工作，平凡的也好，令人羡慕的也好，都应该尽心尽责，以求不断进步。

著名投资专家约翰·坦普尔顿通过大量的观察研究，得出了一条很重要的原理："多一盎司定律"。盎司是英美重量单位，一盎司只相当于1/16磅。但是就是这微不足道的一点区别，却会让你的工作大不一样。他指出：取得突出成就的人与取得中等成就的人几乎做了同样多的工作，他们所做出的努力差别很小——只是"多一盎司"。但所取得的成就及成就的实质内容方面，却经常有天壤之别。

生活中有一条颠扑不破的真理，不管是最伟大的人，还是最普通的老百姓，都要遵循这一准则，无论世事如何变化，也要坚持这一信念。它就是，在充分考虑到自己的能力和外部条件的前提下，进行各种尝试，找到最适合自己做的工作，然后集中精力、全力以赴地做下去。

要想获得成功，仅仅尽力而为还不够，必须全力以赴。成功偏爱那些全力以赴的人。有一句话说得好："如果付出的比回报的多，最终得到的会比付出的多。”要知道，如果没有激情，不懂得全力以赴，那么“神奇时刻”是永远不会垂青和眷顾于你的。

## 不断挑战自己，才能超越别人

在竞争中，如果做什么事情只会做“规定动作”，只满足于和别人做得一样好，而不能突破自我、超越别人，争创一流，做到极致的意念和行为，就难以在如林的强手中胜出，在激烈的角逐中夺魁。

让自己进步的方法很多，每天做点困难的事就是逼自己进步的办法之一。美国学者爱默生说：“永远做你害怕的事！”毕业于哈佛大学的美国哲学家詹姆斯也说：“你应该每一两天做一些你不想做的事。”这两句话讲的都是同一个永恒不灭的真理，它是人生进步的基础和上升的阶梯。的确，谁不想安安稳稳地走完人生之路，谁愿意累死累活地跟自己过不去呢？可是，如果不这样，我们就不可能进步。

如果你是一位营销人员，但是当众演讲又是你最发愤的事情，那你就每天逼自己对着镜子练习讲话；如果你是一位公关人员，但是你恰巧又是一个内向的人，那你就每天逼自己主动与业务伙伴联系，或是打电话，或是发E-mail，或是相约见面；如果你从中学时就讨厌学外语，可是你又想获得硕士学位，那就不得不硬着头皮，每天逼自己练习听力、复习语法，再一口气做完一套模拟试题……

成功者在种种复杂而恶劣的环境里，仍然能一如既往地保持不断向前超越的观念。只有做到如此，才能获得更大的成功。成功，在于不断超越。超越是一种突变，一种解放，一种升华，正是这种超越，人类才能从蒙昧无知的洪荒远古走向文明昌盛的今天。只有勇于超越，不停地调整生命的目标，我们才能从一个高峰跃向另一个高峰，在生命的峰巅之上，领略壮美的风光。

一位音乐系的学生，其指导教授是个极其有名的音乐大师。授课的第一天，教授给自己的新学生一份乐谱。“试试看吧！”他说。乐谱的难度颇高，学生弹得生涩僵滞、错误百出。“还不成熟，回去好好练习！”在下课时教授如此叮嘱。

学生练习了一个星期，没想到第二周上课时，教授又给他一份难度更高的乐谱，“试试看吧！”学生再次挣扎于更高难度的技巧挑战。第三周，更难的乐谱又出现了。同样的情形持续着，学生每次在课堂上都被一份新的乐谱所困扰，然后把它带回去练习，接着再回到课堂上，重新面临两倍难度的乐谱，却怎么样都追不上进度，一点也没有因为上周练习而有驾轻就熟的感觉，学生感到越来越不安、沮丧和气馁。教授走进练习室，学生再也忍不住了。他必须向钢琴大师提出这三个月来何以不断折磨自己的质疑。教授没开口，他抽出最早的那份乐谱，交给了学生。“弹奏吧！”他以坚定的目光望着学生。

不可思议的事情发生了，连学生自己都惊讶万分，他居然可以将这首曲子弹奏得如此美妙、如此精湛！教授又让学生试了第二堂课的乐谱，学生依然呈现出超高水准的表现……演奏结束后，学生怔怔地望着老师，说不出话来。

“如果，我任由你表现最擅长的部分，可能你还在练习最早的那份乐谱，就不会有现在这样的水平……”钢琴大师缓缓地说。

人的一生，最大的敌人不是别人，而是我们自己。只有超越自我，才能懂得怎样去衡量别人的价值；只有超越自我，才明白如何接纳自己以外的一切；只有超越自我，才能使自己的人生更加丰富多彩；只有超越自我，才能展望到生命的全貌，绘画出人生没有断点的轨道。

有一个心理学家曾经说过：“你一定比你想象的还要好”，但是许多人并不这样认为。杰出人士往往在小小年纪时就怀有大志，就想与众不同，无论遇到任何磨难，仍相信自己是最好的。你是不是有这样的信念，有别人打不倒的自信心呢？你的坚持有多强，你的自信就有多强，你的路就有多长。

每一个人都应该永远记住这样一个道理，只有不断超越自我的人，才是一个真正聪明人。人生在世，你只要按照自己的禀赋发展自己，不断地挑战自我，你就不会忽略了自己生命中的太阳，而湮没在他人的光辉里。不要以为自己很聪明就不努力，你应该把聪明看作是你自己的一个新起点，而不是终点。一切都会成为过去，迎接你的将是一个个新的挑战。

世界著名的大提琴手巴布罗·卡沙斯，在取得举世公认的艺术家头衔后，并没有为此而不再去练习，不再去努力，他还是和以前一样，依然每天坚持练琴6小时，养成了“行动再行动”的良好习惯。有人问他为什么仍然还要练琴，他的回答很简单：“我觉得我仍在进步。”

人生是一条奔腾不息的河流，永远不会停留在一个地方，也不会停留在某一阶段，它需要不断地超越。超越是升华，是突变，是人生不可缺少的阶段。没有这种超越，一个人就不可能成长为一个真正的人；没有这种超越，人类就不可能从愚昧无知的远古走到文明昌盛的今天。人活在世上，不能总为自己的那点小成绩而沾沾自喜，贪图安逸享受，放弃了努力奋斗的过程。满足现状的人，永远也享受不到人生的真正乐趣。

只有不断超越，才能领先竞争对手，才能在竞争中赢得更大的胜利。竞争是人才的竞争，更是技术创新的较量。能不能在以后的日子里，继续保持领先的地位，需要我们一如既往地努力工作，更需要我们不断地去超越，从而来保持自己永远不败的地位。

只有努力创造，全力拼搏，不断超越，才能在激烈的竞争中赢得自己的位置，使生命碰撞出耀眼的火花。

## 完美不能实现，却可无限接近

不知足的精神是无形的动力，不知足会激发一个人的斗志，让人不断奋斗。人类正是在进取中不断地超越自我，创造卓越。“生命不息，奋斗不止”，不应只是成功者的做事原则，也应该成为普通人的共识。

对于我们人类来讲，知足常乐虽然有一定的道理，但却很容易囿于保守，缺乏进取精神。如今社会的一切进步都来自于人类的不知足。如果人们都满足于现状，油灯就不会被电灯代替，折扇也不会被电扇代替，更不会出现代的汽车。生活得不到改善，社会将停滞不前，快乐从何而来？可见，正是有了不知足的精神，才促进了科技的进步，促进了社会财富的日益积累，促进了人类文明的不断飞跃。

如果你是一个渴望得到重用的人，如果你希望让你的老板觉得你是不可取代的，一定要从内心决定做第一。这样你会有信心做到完美，也才会真正成熟起来。那些自甘沉沦，不追求卓越，懒得提高自己能力的人是不会有所进步的。而如果你的工作水平没有提高和进步，你就绝不会得到任何升职和奖励的机会。

对于人生的奋斗目标，则更需要不知足。高尔基说过：“一个人追求的目标越高，他的才力就发展得越快，对社会就越有益。”不知足的精神是无形的动力，人有了不知足才能有追求，有追求才能上进，不知足会激发一个人的斗志，让人不断奋斗。太容易满足只会让人甘于现状而不懂发奋。所以说，不知足才更符合一个社会的发展，要进步就一定要学会不知足。

兰迪·劳伦斯现在是一家公司的老板，可他以前只是一名推销员。他奋起的源泉是他在一本书上看到的一句话：“每个人都拥有超出自己想象十倍以上的力量。”在这句话的激励之下，他反省自己的工作方式和态度，发现自己错过了许多可以和顾客成交的机会。于是，他制定了严格的行动计划，并付诸实践到每一天的工作当中。两个月后，他回过头看看自己的进展，发现业绩已经增加了两倍。数年以后，他已经拥有了自己的公司，在更大的舞台上检验着这句话。

尚可的工作表现人人都可以做到，只有不满足于平庸，才能追求最好，你才能成为不可或缺的人物。没有人可以做到完美无缺，但是当你不断增强自己的力量、不断提升自己的时候，你对自己要求的标准会越来越高，这本身就是一种收获。齐白石到93岁才画了600幅画，歌德到80岁的时候才写出世界名著，的确，进取是没有止境的，我们永远不要满足于已经得到的，而需要不断地开拓新的领域。

当你选好了你的角色，那就承担它的后果，不要打算与世无争。英雄不会是平庸之辈，平庸之辈也当不了英雄。英雄主义的特征就在于锲而不舍。

在这个世界上，有太多的人自以为地位太卑微，别人所有的种种成就都是不属于他的，都是他不配享有的。这种自卑自贱的观念，往往成为不求上进、自甘堕落的主要原因。有了这种卑贱的心理后，当然就不会有精益求精的想法了。许多青年人，本来可以做大事、立大业，但实际上却整天做着小事，过着平庸的生活，原因就在于他们自暴自弃，没有远大的理想，不具有坚定的进取心，不愿意追求卓越。

造物主赋予我们每个人一种突出的才能，也许你有管理的才能、绘画的天赋、思考的资质等。无论你的特长是什么，你都应该积极地把你的才能发掘出来并发挥得淋漓尽致。为自己设定一个比他人更高的标准，之后不推脱、不敷衍，尽全力地去做。这样的人是一个异常优秀的人，他不仅仅会做别人要求他做的，而且会出人意料地做得非常完美。

一个雕刻家，自从爱上雕刻工作后，从来没有好好睡过一次觉。每当有作品需要创作的时候，他的一日三餐仅是几片面包。他本来并不是一个孤僻的人，但随着从事雕刻工作的时间越长，他越来越无法跟人沟通。他最大的痛苦是无法容忍自己的作品出现瑕疵。一旦他在一件雕像中发现有错，就会放弃整个作品，转而另雕一块石头。所以，他留给这个世界的作品很少。

他的名字叫米开朗基罗，一位天才的雕刻艺术家。

任何值得做的事，都值得做好；任何值得做好的事，都值得做得尽善尽美。每一个人的一生中至少应该有一次受到一个追求完美的人的影响。只有这样，普通人才能认识到自己惊人的潜力。一个人因为只热爱最完美的东西，所以才是“一般好”的仇敌。懂得这一点，你就可能憎恨一知半解、一技半能、三心二意，就可能在你心中点燃起追求完美的热情火焰。

做什么事情如果达到痴迷忘我的程度，那离成功也就不远了。曾经有人说马克思在求学的时候，在图书馆的地面上留下两只深深的脚印。追求卓越像是一块坚强厚重的磨石，它会砥砺你，把你的工作带到最完美的境界。也许十全十美永远难以企及，但是，只要你是在不停地追求，你就不会原地踏步。一开始也许你只是一个实习生，后来做秘书，然后是主管，而这一切都是建立在不断追求的基础之上的。如果你真正拥有这种品质，你还可以自己当老板。为什么你只能做别人正在做的事情？为什么你不可以超越平庸呢？

从平庸到优秀只有一步之遥，但有的人终其一生也无法跨越。只有当你选择了如何优秀，你才能接下来做到如何卓越。有了尽最大的努力把事情做好的志向，不断对自己提出严格的高标准，你就会赢得别人的尊敬，做出令人吃惊的成绩。

# 第04章

# 脱颖而出，最可能成功的人在大多数之外

## 生命的高度取决于自身

很多人不敢去追求成功，不是追求不到成功，而是因为在他们的心里已经默认了一个高度。他们常常会暗示自己：成功是不可能的，是没有办法做到的。一个较低的心理高度是限制人们无法取得伟大成就的根本原因之一。

一个人在经历了挫折和失败后，面对问题时会产生无能为力的心理状态和行为。当我们说“理想已经被现实磨平了”的时候，当我们说“现实带给我的是一次次打击，我终于放弃”的时候，我们的表现就是习惯性无助。而当一个人产生无助感以后，操作活动和智力活动都会减弱，并且整个生活都会罩上一层灰暗的阴影。

我们有许多人就是生活在这样的框框中，许多人都在过着这样的人生。年轻的时候，意气风发，屡屡尝试，但屡屡失败。几次失败以后，他们便开始抱怨这个世界的不公平，或是怀疑自己的能力，他们不是不

惜一切代价去追求成功，而是一再地降低成功的标准。即使原有的限制已取消，但他们早已经被撞怕了，不敢再跳，或者已习惯了，不想再跳了。人们往往因为害怕去追求成功，而甘愿忍受失败者的生活。

曾经有这样一个著名的实验：往一个玻璃杯里放进一只跳蚤，跳蚤立即轻易地跳了出来。又重复几遍，结果还是一样。接下来科学家再次把这只跳蚤放进杯子里，不过这次放进后立即在杯子上加一个玻璃盖。

“嘣”的一声，跳蚤跳起来后重重地撞在玻璃盖上，但它不会停下来，因为跳蚤的生活方式就是“跳”。一次次跳起，一次次被撞，跳蚤开始变得聪明起来了，它开始根据盖子的高度来调整自己所跳的高度。后来，这只跳蚤再也没有撞击到这个盖子，而是在盖子下面自由地跳动。

一天后，科学家把这个盖子轻轻拿掉。跳蚤不知道盖子已经去掉了，它还在原来的这个高度继续地跳；三天以后，这只跳蚤还在那里跳；一周以后，这只可怜的跳蚤还在玻璃杯里不停地跳着，其实它已经无法跳出这个玻璃杯了。

跳蚤还能跳出这个杯子吗？其实让这只跳蚤再次跳出这个玻璃杯的方法非常简单，只需拿一根小棒子突然重重地敲一下杯子，或者拿一盏酒精灯在杯底加热，当跳蚤热得受不了的时候，它就会“嘣”的一下，跳了出去。人有些时候也是这样。很多人不敢去追求成功，不是追求不到成功，而是因为他们的心里面也默认了一个“高度”，这个“高度”常常暗示自己：成功是不可能的，这个是没有办法做到的。

“心理高度”是人无法取得伟大成就的根本原因。我们能不能跳过这个高度？能不能成功？能有多大的成功？这一切问题都取决于自我设限和自我暗示！一个人如何认识自我，在心里如何描绘自我形象，也就是你认为自己是个什么样的人，成功或是失败的人，勇敢或是懦弱的人，将在很大程度上决定自己的命运。你可能渺小，也可能伟大，这都取决于你对自己的认识和评价，取决于你的心理态度如何，取决于你能否靠自己去奋斗。

但是，在遭受挫折和打击时，并不是所有的人都会产生无助感。古今中外，有很多决不轻言放弃的人，他们也决不会被挫折所击倒。失败对他们而言，是学习和吸取教训的机会，是下一次努力的台阶。这样的人克服了内心的恐惧和障碍，从而具备了顽强的意志和高远的智慧。他们不是“屡战屡败”的愚人，而是“屡败屡战”的斗士，他们就是成功者。

1965年，一位韩国学生到剑桥大学主修心理学。在喝下午茶的时候，他常到学校的咖啡厅听一些成功人士聊天。这些成功人士包括诺贝尔奖获得者，某一些领域的学术权威和一些创造了经济神话的人，这些人幽默风趣，举重若轻，把自己的成功都看得非常自然和顺理成章。时间长了，他发现，国内的那些所谓成功人士为了让正在创业的人知难而退，普遍把自己的创业艰辛夸大了，也就是说，他们在用自己的成功经历吓唬那些还没有取得成功的人。

1970年，他把《成功并不像你想象的那么难》作为毕业论文，提交给现代经济心理学的创始人威尔·布雷登教授。布雷登教授读后，大为惊喜，他认为这是个新发现，这种现象虽然在世界各地普遍存在，但此前还没有一个人大胆地提出来并加以研究。后来这本书果然伴随着韩国的经济起飞了。这本书鼓舞了许多人，因为他们从一个新的角度告诉人们，成功与“劳其筋骨，饿其体肤”“头悬梁，锥刺股”没有必然的联系。只要你对某一事业感兴趣，长久地坚持下去就会成功。后来，这位青年也获得了成功，他成了韩国泛业汽车公司的总裁。

人生所能达到的高度，往往就是人们在心理上为自己界定的高度。不要自我设限，只有突破限制，跳出框架，你才得以跳跃式的行动大步向前迈进。自古以来，每一次的创造性发明、每一次革命性突破、每一个平凡人的成功，都是勇于突破框架，向原本以为不可能的事挑战的结果。土耳其谚语说：每个人的心中都隐伏着上头雄狮。中国古语说：人皆可以为尧舜。这些鼓舞人心的话语，是人对自身价值应有的判定。

据资料分析，人的潜能开发几乎是无穷无尽的。著名的心理学家奥托指出：“一个人所发挥的能力，只占他全部能力的4%。”据说像爱因斯坦这样的天才，其潜能的发挥也还不到10%。我们要努力抛弃自卑的想法、无所作为的想法、甘居下游的想法，充满自信地去发挥自己、推销自己、实现自己。成功者就是那些拥有坚强信念的普通人。成功的几率决定于你的信念强弱。

信心多一分，成功多十分。自信是迈向成功的起点，世界上任何一个伟大的人物无不以其坚强的自信为先导。有了自信就有了勇气与热情。信心起作用的过程是这样的：每当你相信“我能做到”时，自然就会想出“如何去做”的方法。

## 可以败给别人，不能输给自己

别人认为你是哪一种人并不重要，重要的是你是否肯定自己；别人如何打败你并不是重点，重点是你是否在别人打败你之前，就先输给了自己！唯有时刻坚信自己，才能战胜灵魂深处所有的弱点，始终处于不败之地。

在通向成功的人生征途中，必定会荆棘丛生、困难重重。当你走在这条征途上时，是否会因为遇到困难而畏缩不前？是否会因为遇到挫折而自暴自弃？成功始于自信，这个道理人人皆知，但并非人人都能做到。试问：当艰巨的任务摆在你面前时，你能够充满信心地勇敢上前吗？当经受了许多次挫折后，你仍然能对自己最终达到目标的信心毫不动摇吗？当周围的人都瞧不起你，认为你是个“废物”“无能之辈”时，你仍然能坚信“天生我材必有用”吗？……

莎士比亚曾说：“假使我们自己将自己比作泥土，那就真要成为别人践踏的东西了。”很多的时候，我们总是不敢相信自己，总是认为别人比我们要强很多，一件事情要得到别人的肯定才是正确的。我们羡慕着别人的才能、幸运和成就，同时，我们最大化地浪费着自己。

我们生活在竞争如此激烈的社会中，与天斗，与人斗，每个人都想要获取胜利、出人头地。但是，经过无数次的失败，我们才真正明白，那个最终使我们受伤的强大的敌人，深深地隐藏在我们自己的心中，这个世界上真正能够打败我们的人，唯有我们自己。在人的一生中想得最多的是战胜别人，超越别人，凡事都要比别人强。其实，人一生中面临的最大困难和敌人就是自己。战胜了自己，你将战胜一切！

疯狂英语的创始人李阳，他的英语不是说出来的，而是喊出来的。李阳在读大学时，英语成绩一塌糊涂，尤其是听力和口语。一次，李阳被老师叫起来回答一个简单的问题，李阳知道这个问题的答案，可就是说不出来。于是他对老师说："我可以写在纸上再给你看吗？"同学们都哄堂大笑。老师生气地说："这么简单的句子都说不出来，你还是大学生吗？"接着老师又转过身去对同学们说："如果你们不好好学习口语就像李阳这样。""就像李阳这样"，这句话深深地伤害了他。从那时起，他就下定决心，非要把口语练好不可！

于是，他想到了一个办法。他每天早晨坚持到学校后面的小山上去练习口语，练习的时候，不是说，而是大声地喊出来，更让人不可思议的是，他的嘴里竟然含着石头。李阳认为，口语不好，主要是两个原因：一是胆子小，不敢说；二是，发音不准，说出来别人也听不清楚。喊英语，能练胆子；含石子，能练发音。就这样，李阳坚持不懈地练习的口语，风雨无阻。遇见熟人，也不怕别人耻笑，即使别人骂他疯子，他也不在乎。

功夫不负有心人，奇迹出现了，三个月后，李阳不仅能流利地回答出英语老师的问题，甚至还为老师纠正部分错误的发音。时至今天，"李阳疯狂英语"成了英语学习产品当中最响亮的一块牌子。

生活绝不会怜惜失败者，在挫折面前，勇者进懦者退。人生的成功属于在失败中坚持崇高理想的强者。自信的树立与巩固，与人生的不断收获是分不开的。自信不是天生的，也不是想达到什么程度就达到什么程度。当人们在具体的职业上，经过不断地学习，增添了新的智能并在实践中加以良好的运用，而不断取得新的成效，有所进步、有所发展时，自信心就会不断地提升。长此以往，形成一种自觉的心理态势，达到“自信人生两百年，会当击水三千里”的境界。

要领悟到向命运的高峰挺进中的每一高度的跃升，都是最终实现人生理想的一种积垫。要善于把这种积淀化为增加自信的新源泉。培根曾说过：“人人都可以成为自己命运的建筑师。”当我们面对前进路上的荆棘，不要畏缩，因为通往云端的路只会留下攀登者的足迹；当我们面对人生路上的挫折，不要灰心，因为试飞的雏鹰也许会摔一百次，但肯定会在第一百零一次试飞时冲入蓝天。

失败是人生的熔炉。它可以把人烤死，也可以把人变得坚强自信。这就要看你面对失败的心态是否乐观。若是你不战自败，那你就彻底陷入失败的沼泽中了。此时，你输给的不是别人，而是自己。

尼克松是美国第37任总统，但就是这样一个大人物，却因为一个缺乏自信的错误而毁掉了自己的政治前程。1972年，尼克松竞选连任。由于他在第一任期内政绩斐然，所以大多数政治评论家都预测尼克松将以绝对优势获得胜利。然而，尼克松本人却很不自信，他走不出过去几次失败的心理阴影，极度担心再次出现失败。在这种潜意识的驱使下，他鬼使神差地干出了后悔终生的蠢事。他指派手下的人潜入竞选对手总部的水门饭店，在对手的办公室里安装了窃听器。事发之后，他又连连阻止调查，推卸责任，在选举胜利后不久便被迫辞职。本来稳操胜券的尼克松，因缺乏自信而导致惨败。

命运往往就是这么奇怪，它在赐予一个人成功之前，大都要设置下一道道屏障，来考验一个人的毅力与勇气。因此，那些怯懦者只能在失望和抱怨之中，走过一生。而只有那些知难而进、勇于跟厄运搏击的人，才能最终拥有命运之神的精美馈赠。

在很多时候，一个人在成功路上的最大障碍恰恰就是自己。因而，你应该努力学会清除前进路上的荆棘。自私自利、贪图安逸、傲慢无礼等都是阻止自己前进脚步的障碍；怯懦、怀疑和恐惧则是自己最大的敌人。所以，你要时时警惕自己身上的弱点，拥有了征服自己的勇气，就会征服一切困难。

人生最强大的敌人就是自己，最大的挑战就是挑战自我。自信方能自强。只有自信，才能做到知难而进，才能有临渊不惊、临危不惧的英雄本色。很难相信一个连自己都不敢肯定的人能够得到别人的认可，只有真的相信自己，才能够得到别人的信任，也才能够创造出自己事业上的奇迹。

## 走自己的路，才能走别人没走过的路

成功的路有千万条，而且通向完全不同的方向，而这其中只有一条最适合你。所以说，真正成功的人生，不在于成就的大小，而在于你是否努力地去实现自我，喊出属于自己的声音，走出属于自己的道路。

现实生活中，人们往往将人分为两种：成功者与失败者。毫无疑问，人人都向往成功，人人都不希望自己成为失败者。那么，如何定义成功呢？失败者又缺少什么呢？失败者就败在总是习惯于把他们的生命消耗在老路上苦苦地拼搏，久久徘徊于自己是否能实现梦想的困惑迷惘之中。而成功者能够发现山那边横亘着一条宽广而平坦的路，那条路似乎就是为他而铺的，等待着他驰骋于心中的理想之境。

哲学家苏格拉底曾被人贬为“让青年堕落的腐败者”。美国职业足球教练文斯·伦巴迪当年曾被批评“对足球只懂皮毛，缺乏斗志”。贝多芬学拉小提琴时，技术并不高明，他宁可拉他自己作的曲子，也不肯做技巧上的改善，他的老师说他绝不是个当作曲家的料。如果这些人不是走自己的路，而是被别人的评论所左右，怎么能取得举世瞩目的成绩？

你的使命终究还要靠自己来完成，你人生的目标是独一无二的，专属于你自己的。它神秘而又绚烂，值得你用一生去追求。

蒙提·罗伯茨在圣司多罗有个牧马场，他在一次活动的致辞里提到一个故事。初中时，有一次老师叫全班同学写作文。那一晚，一个小男孩费了很大的心血把作文写成了，他描述他的宏伟志向，那就是拥有一个属于自己的牧场。他仔细地画了一张200亩牧场的设计图，上面标有马厩和跑道的位置，在这一大片农场中央还要建一栋占地400平方米的豪宅。

两天后他拿回了作文，看到第一页上打了个又红又大的“F”。小男孩下课后带着作文去找老师：“为什么给我不及格？”老师回答说：“你小小年纪，不要老做白日梦。你没有钱，没有家庭背景，什么都没有，你别太好高骛远了。”他接着说：“如果你肯重写一个不怎么离谱的志愿，我会重新给你打分。”小男孩回家反复思考了很久，然后征询父亲的意见。父亲对他说：“儿子，这是非常重要的决定，你必须自己拿主意。”经过再三考虑，这个男孩决定原样交回。他告诉老师：“即使拿个大红字，我也不愿意放弃梦想。”

“我讲这个故事，是因为各位现在就在这200亩农场及占地400平方米的豪宅，那份初中时写的作文我至今还保留着。”罗伯茨对大家说：“有意思的是，两年前的夏天那位老师带了30个学生来到我的农场露营一星期。离开之前，他对我说：‘蒙提，说来有些惭愧，你读初中时我曾泼你冷水，幸亏你有这样的毅力坚持自己的梦想。’”

人要从没路的地方走出一条路来，不要泯灭了自己的个性，一味模仿别人。那样只会迷失自我，连自己的命运都把握不了。“走自己的路，让人们去说吧！”我们对但丁的这句名言并不陌生。可是，我们在生活中是否信奉它，实践它呢？

要知道，在这个世界上，生活着60亿各自具有不同特质的人，在他们各自的生活轨迹中，至少也存有上亿种成功模式。当我们每一个人特定的优势与劣势、需要与理想是如此的与众不同时，怎么可能存在有一种放之四海而皆准的成功模式呢？

而且，如同我们每一个人有不同的生活轨迹一样，我们每一个人对成功的定义也是截然不同的。成功的定义并不取决于你渴望的目标，而是取决于你达到目标后的满意程度。也就是说，每一个人都应该有自己的人生，有自己的成功之路，在这条成功之路上，都应该有属于自己的成功底牌，打拼出自己不一样的人生。

在女性时装上的成功并没有让世界服装设计大师皮尔·卡丹就此停止前进的步伐。酷爱钻研的他又开始思索起另一个问题：时装作为人类的装饰物，不应该仅仅为女性所独有。但在当时的法国时装界，有一种沿袭多年的传统看法：真正的服装设计师只能问鼎女装，而设计男装则会被人们指责为离经叛道。但是强烈的创造欲望促使皮尔·卡丹立志于设计出优秀的系列男装。

1959年，皮尔·卡丹在巴黎举办他的时装展示会。展示的服装既有女装，也有男装。他的这一举动在巴黎时装界掀起了一场轩然大波，业界人士纷纷将矛头对准了他。一时之间，皮尔·卡丹成为众矢之的，在名誉和经济上遭受了双重打击。

然而，皮尔·卡丹并没有因为世人的唾弃而退缩，他依旧坚持着自己的初衷，认为如果女装可以问鼎最高层次，那么男装又有何不可呢？在强烈信念的驱使下，他继续着自己设计男装的道路，而且坚持聘请时装模特做表演，并不惜扩大规模。果然，没过多少年，皮尔·卡丹便迎来了男装市场的春天，由他设计的系列男装迅速占领了法国男装市场的半壁江山，并且很快风靡全球。

世上的路并不是走的人越多，越平坦、顺利。沿着别人的脚印走，不仅走不出新意，有时还可能会跌进陷阱。其实生活中，我们有很多时候，又何尝不是在重复着别人的老路。别人说你这样做不对，便不敢去做；别人都去做的事，一定要亦步亦趋地去追随，这就是我们生活中大多数人的真实写照。

跟在别人的脚印后面，永远走不出自己的道路。试想，如果当你年老时，回首你的人生道路上，每一步脚印都不过是对前人的重复，这样的人生，有什么意义呢？俄国作家契诃夫说得好："有大狗，也有小狗。小狗不该因为大狗的存在而心慌意乱。所有的狗都应当叫，就让它们各自用自己的声音叫好了。"

人生只属于自己，一味遵循他人的思想，不敢面对真理是懦弱的表现，这样的人生是一种悲哀。我们应该成为主宰自己生命的人，走自己的路，走出自己的风格，走出自己的个性，我们的人生才会是独特的，才会是精彩的。

## 自我拯救是造就自己的最好方式

强者敢于接受任何挑战，自强不息，正是这种自我拯救给他带来了源源不断的动力，让他最终实现自己的价值。别人只可能帮一时却帮不了一世，所以靠人不如靠自己，最能依靠的人只能是你自己。

人生恰似海上行船，时而会遭遇到风浪，甚至有触礁的危险。人生变幻莫测，又有多少人能够预测厄运的突袭呢？一位哲人说过这样一句话："自救是摆脱厄运唯一的方法。"是的，当你身遭痛苦与不幸之时，你可以诅咒命运的不公，但绝不可以放弃心中的勇气和希望。不要总是依赖别人，把一切希望都寄托在别人身上，而要依靠自己解决问题，最能依靠的人只能是你自己。

很多人之所以不能迈出人生的关键一步，就是因为每当他感到压力的时候，就会一蹶不振，很难把失败的惩罚当作不断前进的新动力。任何想要成功的人，他首先要学会的就是经历苦难。经历苦难是一种痛苦，因为苦难常常会使人走投无路，寸步难行，苦难常常会使人失去生活的乐趣甚至生存的希望。但有过苦难体验的人，都不会忘记在生活泥潭里奋力挣扎的情景。当你战胜苦难之后，这由苦难带来的痛苦往往也会变为千金难买的人生财富。

有句话说得好，"命运掌握在自己手里"。如果一味地将自己的命运交由别人主宰，在逃避掉所有的责任与打击的同时，我们还将失去作为一个人的自信，还有依靠自己努力获得成功之后的幸福感和成就感。要敞开胸怀接纳社会赋予我们的一切，要用自己的全部努力化悲伤为力量、从过去的苦难中汲取智慧和勇气，然后用这些力量、智慧和勇气去开拓属于自己的生活和事业，掌握自己的命运！

美国总统罗斯福曾是一个有缺陷的人，小时候他在学校课堂里总显露一种惊惧的表情，他呼吸就好像喘大气一样。如果被喊起来背诵，立即会双腿发抖，嘴唇也颤动不已，回答问题，吞吞吐吐，含糊不清。然而，缺陷却促使罗斯福更加努力地奋斗。他没有因为同伴对他的嘲笑而减少勇气。他用坚强的意志，咬紧自己的牙床使嘴唇不颤动而克服他的惧怕。凡是他能克服的缺点他便克服，不能克服的他便加以利用。

由于罗斯福没有在缺陷面前退缩和消沉，而是在顽强之中抗争。不因缺憾而气馁，甚至将它变为资本加以利用，在晚年，已经很少人知道他曾有严重的缺憾。

德国诗人歌德在他的不朽名著《浮士德》中说："凡是自强不息者，终能得救！"其实，世上真正的救世主不是别人，而是自己。在缺陷面前绝不要退缩和消沉，要凭着良好的心态战胜困难，当我们有想法但不能实现时，要自立自强，这样才能发现你的潜能，冲破困境走向胜利。

生命在不同的环境下就会有不同的意义。只要看重自己，自珍自爱，生命就有意义，有价值。大多数人们的命运史表明，无论你是从事任何的职业；无论你是在较高层次的平台上演绎人生，还是在一般层次上努力求索，尽管所遇到的困境、逆境及诸种矛盾的状况不一，但有一点是共同的，即必须依靠自己点燃与命运搏斗的激情之火，依靠自我去抓住可行的机遇，挖掘自身的潜能，开拓创造新的命运之路。

德国伟大诗人歌德在《诗与真理》中写道："人们在所有事情上最终只能求助自己。"这的确是人生至理。人生的主流是百折不挠的执著和追求，执著总是与孤独和寂寞为伴，追求总是与失败和痛苦为伍。世上没有救世主，能拯救自己的，只有自己。

作为举世瞩目的成功者，李嘉诚曾说："其实，每个人都是最优秀的，差别就在于如何认识自己、如何发掘和重用自己。"李嘉诚曾谈到：每个人都可以拥有巨大的雄心及高远的梦想，区别在于有没有能力实现这些梦想。当梦想成真的时候，能否在成功的台阶上更加努力进取？当梦境破灭、无力取胜、无力转败为胜时，是否在自怨自艾的枷锁里，在万念俱灰的沮丧中无法自拔呢？一个再有学识再成功的人，也要能抵御命运的寒风。

靠什么顶住命运的寒风、不断拼搏向前？李嘉诚说是靠自己拯救自己。他的诠释是：人生是一个很大、很复杂和常变的课题，我们只有靠自己才能拯救自己。

事实上，所谓靠自己拯救自己，在很大程度上首先所突破的就是自己对自己的不信任。正是无端的自我疑虑，自我打击，将一个又一个前景非常看好的希望和一个又一个具有远大前途的成功者扼杀在摇篮中。实际上，任何一个成功的人都是绝对自信的，而那些碌碌无为的人，只要偶尔遇到一点挫折，他们就会心灰意冷，一蹶不振。失败的人之所以失败，就是因为他们从来都不相信自己。古人曾说："哀莫大于心死，而身死次之。"没有自信的人是很难成功的，就像没有脊梁骨的人要站得挺直那样。

有一则西方谚语说："上帝只拯救能够自救的人。"成功属于愿意成功的人。成功有明确的方向和目的。不愿成功，谁拿你也没办法；自己不自救，上帝也帮不了你。

谁若不能主宰自己，谁就永远是一个奴隶。凡是天性刚强的人，必定有自强不息的力量。精诚所至，金石为开。自强不息的精神是每个人获取成功的支柱。有了自强不息的精神，就会产生信心，排除千难万险，突破人生的困厄走向成功。

## 命运在自己的手里，而不在别人的嘴里

要想有所作为，就必须完全消除需要得到赞许的心。它是精神上的

死胡同，绝不会给你带来任何益处。我们只有摒弃“别人会怎么样说”的顾虑，才能树立自信。太在意别人想法的人，容易失去自己的特色和个性，更没办法发挥自己的潜能。

只要有人的地方就有是非，只要人家有嘴巴，就会有意见和批评，所以想快乐的人，就不要太在意别人的批评。一个没有主见的人，必定会被他人所摆布。跟着他人的脚步走，有时候确实可以起到明哲保身的作用，然而，你的人生也将永远隶属于他人。如果只会跟着他人的指挥棒走，就会失去想象力、创造力和进取心，同时也会失去自我生存的能力。

没有了自我，一切的快乐都是虚伪的假象。即使人家批评你、否定你、攻击你，也不代表你的自我受到否定，唯一能否定你的人，只有你自己。喜欢评头论足的人很多，你随时可能遇到讥笑和嘲讽，不要让它左右你，该干的就干，而且力争干得最好。别人说你不行不等于你就不行。能力可以培养，习惯可以改变，素质可以提高，成就可以创造。记住埃默森的话：“信心是成功的首要秘诀。”你的将来肯定会比过去更强。

总之，嘴巴是别人的，人生是自己的。习惯性被人家嘴巴“虐待”的人，请想一想：“为什么我要当人家嘴巴的奴隶？为什么要这么在意别人的想法呢？”

从前，有一位画家想画出一幅人人见了都喜欢的画。画完了，他拿到市场上去展出。画旁放了一支笔，并附上说明：每一位观赏者，如果认为此画有欠佳之笔，均可在画中做上记号。晚上，画家取回了画，发现整个画面都涂满了记号——没有一笔一画不被指责。画家十分不快，对这次尝试深感失望。

画家决定换一种方法去试试。他又摹了一张同样的画拿到市场展出。可这一次，他要求每位观赏者将其最为欣赏的妙笔都标上记号。当画家再取回画时，他发现画面又被涂遍了记号——一切曾被指责的笔画，如今却都换上了赞美的标记。

“哦！”画家不无感慨地说道，“我现在发现了一个奥妙，那就是：我们不管干什么，只要使一部分人满意就够了；因为，在有些人看来是丑恶的东西，在另一些人眼里则恰恰是美好的。”

生活就是这样，你不能企求尽善尽美、人人满意。使一部分人满意就足够了，否则，你将可能无所适从。一旦寻求赞许成为一种需要，要做到实事求几乎就不可能了。如果你感到非要受到夸奖不行，并常常做出这种表示，那就没人会与你坦诚相见。同样，你也不能明确地阐述自己在生活中的思想与感觉，你会为迎合他人的观点与喜好而放弃你的自我价值。

人的许多不必要的烦恼，往往在于没有把握好心灵这杆秤，把重要的事情看得太轻，把不重要的事情又看得太重。如果一个人能善于对生活转化感受，把一些事情的意义、价值、利害在心理上做一种积极的转换，换一种角度去调整生活、享受生活，他就能比别人活得轻松快乐一些。当挫折与不幸来临时，他也能更快地从中解脱出来 。

我们获得的结果明显地验证了一个事实，即成功人士不依赖于他人的批评或认可去追求自己的事业或奋斗目标。他们不顾社会压力，坚定不移地沿着自己的想法勇往直前；他们倾心于自己的挚爱，而不是投他人之所好；他们不会因一时一地的挫折而畏缩不前，也不会将差错归咎于别人，而是不屈不挠地追求事情的结果。做你自己，不要时时企求他人的指引，用你自己的眼睛看人生的风景，它会分外美丽。

一位成功学训练专家在演讲中讲到他自己的一个故事：“有一天，我去拜会一位很有成就的朋友，闲聊中谈起了命运。我问他说，这个世界上到底有没有命运？他说，当然有啦。我再问他，命运到底是怎么回事，既然有命运，奋斗还有什么用。他没有立接回答我的问题，而是笑着抓起我的左手说：‘不妨我先来帮你看看手相，帮你算算命。’接下来他就跟我讲了一通命运线、爱情线、事业线等诸如此类的话。突然他对我说：‘你先把手伸好，照我的样子来做一个动作。’他的动作就是举起他的左手，慢慢地而且越来越紧地抓住拳头。他问：‘抓紧了没有？’我有一些疑惑，但还是说：‘抓紧了。’他又问：‘那些命运线在哪里？’我说：‘在我的手里啊。’他再次追问：‘请问命运在哪里？’这时，我被当头棒喝，恍然大悟：命运在自己的手里。这时他很平静，继续说道：‘不管别人怎么跟你说，不管算命先生如何给你算命，请记住命运在自己的手里，而不是在别人的嘴里，这就是命运。’……我就在那里静静地坐着，静静地幻想，只觉得心扉如清泉流过。”

其实，每个人的命运都握在自己的手中。人的发展方向和生死成败，完全取决于我们的人生态度。你只有积极进取，努力拼搏，才可能获得满意的结果。如果只是一味地等待机会，就如同躺在床上等待小鸟飞到你的手掌心，这样的话，伴随你的也只有一次次的失望甚至是绝望了。

况且，大千世界，芸芸众生，天下何人不被说？每个人都少不了别人对自己的评头论足，这是人生现实，是一种无可避免的现象。喊出属于自己的声音，走出属于自己的道路，那就够了，何必非要人理解。只有弱者才把渴求理解看得比什么都重要，在不被理解的情况下痛苦得无法自拔。从表面上看，这是在寻求理解，而实质上却是在企求怜悯和同情。这样的人，他们终日沉浸在观察别人对自己的态度上，无精打采、忧心忡忡、碌碌无为，很难有属于自己的理想、自己的生活和自己的路，因而，他们也很难创造出属于自己的价值。

毫无疑问，我们只有摒弃“别人会怎么样说”的顾虑，才能树立自信，才能把命运掌握在自己手里。所以，要牢牢记住：你的最高仲裁者是你自己！不要因为盲目迎合别人，而葬送了自己！

## 依靠他人，永远不会成就杰出的自己

拥有独立自主的个性和自立能力是立足社会、参与竞争的基础。人，要靠自己活着，在人生的不同阶段，要尽力拥有与之相适应的自立精神。如果总是任人摆布自己的命运，让别人推着前行，摆脱不了对别人的依赖，那么你将永远是一个弱者。

人生在世，总要或多或少地依靠来自自身以外的各种帮助，比如父母的养育、师长的教诲、朋友的关爱、社会的鼓励……可以说，人从呱呱坠地那一刻起，就已开始接受他人给予的种种帮助。然而，许多人却把自己立身于社会的希望完全寄托在父母和朋友的身上。这样的人，显然不可能在生活上自立自强、在事业上有所作为。有句话说：靠吃别人的饭过日子，就会饿一辈子。而现实中的有些年轻人，他们在家靠父母，工作靠单位，稍有挫折便会一蹶不振。

假如你现在正处于一个十分不利的位置，那么你必须丢掉幻想。这世上锦上添花者多，雪中送炭者少。如果你坚强，别人也许愿意拉你一把；如果你懦弱，看客多数会袖手旁观。从艰苦卓绝的环境中脱颖而出的人，他们最初的处境并不见得就比我们强多少。所以，我们要成就事业，必须丢掉幻想，自强不息，奋力游向胜利的彼岸。

人生路需要自己走！求人不如求己，总想着依靠他人的帮助的人，是无法完成任何伟大的事业的。只有自主的人，才能傲立于世，才能力拔群雄，也才能开拓自己的天地。潜能激励专家魏特利曾说过这样的话：“没有人会带你去钓鱼，要学会自立自主。”

在魏特利九岁的时候，有一天一个士兵朋友说：“星期天早上五点，我带你到船上钓鱼。”魏特利听了兴奋不已。周六晚上，为了确保不迟到，他甚至穿上了网球鞋上床睡觉。一大早，他就从卧室窗口爬出去，备好渔具箱，另外还带了备用的鱼钩及鱼线，将钓竿上的轴上好了油。四点整，就怀着满腔的热情坐在屋门口摸黑等着他的士兵朋友的出现。但是朋友失约了。魏特利这时并没有生闷气或是懊恼不已，相反，他认识到这可能就是他一生中学会自立自主的关键时刻。

于是，他跑到附近的售货摊，花光帮人除草所赚的钱，买了一艘心仪已久的橡胶救生艇。近午时分，他将橡胶艇充上气，顶在头上，里面放着钓鱼的用具，活像个原始狩猎人。魏特利摇着桨，滑入水中，假装自己在启动一艘豪华大油轮。那天，他钓到了一些鱼，又享用了带去的三明治，用军用壶喝了一些果汁。

魏特利回忆那天的光景时说：那是他一生中最美妙的日子之一，是生命中的一大高潮。士兵的失约教育了他，凡事要自己去做。

拥有独立自主的个性和自立能力是立足社会、参与竞争的基础。人，要靠自己活着，而且必须靠自己活着，在人生的不同阶段，要尽力达到理应达到的自立水平，拥有与之相适应的自立精神。要勇于驾驭自己的命运，这是成功的要义。如果总是任人摆布自己的命运，让别人推着前行，摆脱不了对别人的依赖，那么你将永远是一个弱者。

或许你总是抱怨上帝没有给你机会，没有为你的成功创造各种条件……但你是否真的想过，逆境是对你的一种磨炼，条件也可以由自己创造，你没有夺得成功的原因并非你抱怨的这些，而恰恰是你不愿意面对的你自身的原因——你的不努力。

成功者的成功很大程度上也归功于他们从不抱怨环境的恶劣，从不咒骂上天的不公，他们在那些人抱怨或是咒骂的时候，已经开始为摆脱困境而奋斗，并且在情况改变之前奋斗不止。没有谁能够左右你，成为第一还是甘于现状，一切都取决于你自己的奋斗。

法国著名的小说家小仲马，年轻时喜欢创作，头几年写的作品统统被编辑退回来。他父亲大仲马怕儿子受不了打击，便建议说："你如果能在寄稿时告诉编辑你是大仲马的儿子，或许情况就会好多了。"小仲马固执地说："不，我不想坐在你的肩头上摘苹果，那样摘来的苹果没味道。"年轻的小仲马不但拒绝以父亲的盛名做自己事业的敲门砖，而且不露声色地给自己取了十几个其他姓氏的笔名，以免让那些编辑把他与大名鼎鼎的父亲联系起来。

小仲马面对那些冷酷无情的一张张退稿笺，没有沮丧，他对自己说："我能成功，一定能成功！"他的长篇小说《茶花女》寄出后，终于以其绝妙的构思和精彩的文笔震撼了一位知名的老编辑。这位编辑曾和大仲马有过多年的书信来往，他发现《茶花女》投稿人的地址和大仲马的地址丝毫不差，怀疑是大仲马另取的笔名，但作品的风格却和大仲马的迥然不同。他带着这些疑问去拜访大仲马。

令他大吃一惊的是，《茶花女》这部伟大作品的作者，竟是大仲马的儿子小仲马。“你为何不在你的稿子上署上你的真实姓名呢？”老编辑不解地问小仲马，小仲马说：“我只想拥有自己真实的高度。”

别人所给予的永远都不会属于你自己。一个想要成功的人，不应满足于送入笼中的食物，而应该努力掌握捕猎的技能，找寻开启这个世界的钥匙。没有什么神明能保佑你，能帮助你摆脱现状的唯有自己——你就是自己的主宰！

懂得为自己奋斗的人，决不会满意于目前的成就，也不会因为他人的夸奖而沾沾自喜。他们总是不停地向前迈进，在他们的眼中，下一次的努力永远都可能创造更高的成就。

生命不息，奋斗不止。每个人都可以成为自己的国王，自己的圣人，命运掌握在你自己手中，世界也将在你的奋斗过程中慢慢向你展现。每个向往成功、不甘沉沦者，都应该牢记先哲的这句至理名言：“最优秀的就是你自己。”

## 自我特色将成为赢得竞争的砝码

能否真正认识自我、肯定自我、塑造自我，将在很大程度上影响或决定着一个人的前程与命运。我们每个人的个性、形象、人格都有各不相同的特色，保持自我的本色及用自我创造性去赢得一个新天地，是更有意义的东西。

现实粉碎着我们的理想，也粉碎着我们对自己的梦。我们会逐渐发现，自己不是那样完美，也不可能变成理想的自己，总是有着这样那样的缺点。接纳自己需要勇气，也需要毅力。接纳自己，是一个漫长而痛苦的过程，也是一个人长大、成熟的过程。

直面自己的缺点需要勇气，更需要坦诚，需要包容。认识自己的优点和缺点，明白自己想做的不一定就能做，明白自己能做的不一定全能做好，我们便会自信、自强，生活便多一些快乐，少一些烦恼。相反，斤斤计较自己的缺点，不原谅自己的失误，则会使我们沮丧、自卑。接受真实的自己，客观地对待自己，我们就能善待自己，善待他人。

其实，生命的价值不依赖我们的所作所为，也不仰仗我们结交的人物，而是取决于我们本身，我们是独特的，永远不要忘记这一点。生命没有高低贵贱之分。一只蜜蜂和一只雄鹰相比虽然不起眼，但它可以传播花粉从而使大自然色彩斑斓。任何时候都不要看轻了自己。在关键时刻，你敢说“我很重要”吗？试着说出来，也许你的人生会由此揭开新的一页！

在一次讨论会上，一位著名的演说家没讲一句开场白，手里却高举着一张20美元的钞票。面对会议室里的200个人，他问：“谁要这20美元？”一只只手举了起来。他接着说：“我打算把这20美元送给你们中的一位，但在这之前，请准许我做一件事。”他说着将钞票揉成一团，然后问：“谁还要？”仍有人举起手来。

他又说：“那么，假如我这样做又会怎么样呢？”他把钞票扔到地上，又踏上一只脚，并且用脚碾它。而后他拾起钞票，钞票已变得又脏又皱。“现在谁还要？”还是有人举起手来。

“朋友们，你们已经上了一堂很有意义的课。无论我如何对待那张钞票，你们还是想要它，因为它并没贬值，它依旧值20美元。人生路上，我们会无数次被自己的决定或碰到的逆境击倒、欺凌甚至碾得粉身碎骨，我们也许会觉得自己似乎一文不值。但无论发生什么，或将要发生什么，在上帝的眼中，你们永远不会丧失价值。在他看来，肮脏或洁净，衣着齐整或不齐整，你们依然是无价之宝。”

为了学习喜欢自己，我们必须面对自己的缺点，容忍自己的缺点，我们必须认识到，没有任何人，包括我们自己，能够百分之百的优秀。要求别人完美是不公平的，要求自己完美更是荒唐。所以，千万别这么苛待自己。有时候，我们要试着练习自我放松，要学习喜欢自己。

忘记过去的错，爱自己，只有你认为你是巨人的时候，你才会成为真正的巨人。

真实是保持做人本色的本真体现，做人就应该讲究真实。真实是难得之美。当我们与自己内心和谐一致的时候，我们觉得自己是真实的。真实就像循环的能量一样，帮助我们充满活力。保持做人的本色，就是不要丢掉自己真实的一面，用你真实的一面去体察，你就能够透过肤浅的表象，看到一个人的实质。

一个人最为看重的幸福和成功只能从自己生命的本色里去获得。富翁看重金子，而本分的庄稼人却看重脚下那片拴紧他们灵魂的土地，因为他们深信“泥土里面有黄金”。失去本色的人生是灰色的、无光泽的人生，做人就应该保持自己的本色。

蜚声世界影坛的意大利著名电影明星索菲亚·罗兰的成名经历十分传奇。在她16岁的时候，怀着成为电影明星的梦想，只身来到了罗马。没想到，她第一次试镜就失败了，所有的摄影师见了她，都连连摇头，说她达不到美人的标准，都抱怨她的鼻子和臀部不完美。

导演卡洛·庞蒂把罗兰叫到办公室，建议她把臀部削减一点儿，把鼻子缩短一点儿。言外之意，导演还是想用她做演员。一般情况下，许多演员都对导演言听计从。何况，导演并没有拒绝她，更何况，罗兰正做着明星梦呢！可是，罗兰年纪虽小，却非常自信，她毫不迟疑地拒绝了导演的要求。她说：“我要保持我的本色，我不愿意做任何改变。”正是由于罗兰的坚持，使导演卡洛·庞蒂重新审视她，并真正认识了索菲亚·罗兰，开始了解她、欣赏她。

罗兰没有对摄影师们和导演的话言听计从，没有为迎合别人而放弃自信，这使她得以充分展示自己与众不同的美。而且，她的独特的外貌和热情、开朗、奔放的气质，得到了人们的喜爱。后来，她主演的《两妇人》获得巨大成功，并因此而荣获奥斯卡最佳女演员金像奖。

当索菲亚·罗兰获得了成功之后，她在自传中写道：“自我开始从影起，我就按照自己的想法行事，我谁也不模仿，也从不去奴隶似的跟着时尚走。我有自己的想法，也有自己的判断，我只要求我就像我自己。”

一个人在自己的生活经历中，在自己所处的社会境遇中，能否真正认识自我、肯定自我，如何塑造自我形象，如何把握自我发展，将在很大程度上影响或决定着一个人的前程与命运。换句话说，你可能渺小而平庸，也可能美好而杰出，这在很大程度上取决于你的自我意识究竟如何，取决于你是否能够拥有真正的自信。

成功掌握在自己的手中，一个人对自我的态度，既可以作为武器，摧毁自己，也能作为利器，开创一片无限快乐与平和的新天地。要知道，世界上只有唯一的一个你应该为这一点而庆幸，应该尽量利用大自然所赋予你的一切。你只能唱你自己的歌，你只能画你自己的画，你只能做一个由你的经验、你的环境和你的家庭所造成的你。不论好与坏，你都得自己创造一个自己的花园；不论是好是坏，你都得在生命的交响乐中，演奏你自己的小乐器。

花开才是本质，你是一朵莲花，或一朵玫瑰，或什么无名的、普通的花那没有什么关系，是否像花一样绽放，实现最美的自己才是最重要的。

## 不要淹没在潮流中，要让自己与众不同

世上的路并不是走的人越多，越平坦越顺利，沿着别人的脚印走，不仅走不出新意，有时还可能会跌进陷阱。我们应该成为主宰自己生命的人，走自己的路，走出自己的风格，走出自己的个性，我们的人生才会是最独特的，才会是最精彩的。

一个人，只因为唯恐与别人不一样，便会忘其所以地跟随别人，结果把别人的方向当成了自己的方向。人们也怕离开了跑道而另辟蹊径会被人认为犯规而淘汰出局，而只得盲目地继续跟着别人奔跑，以在跑道上的胜利为胜利，却不知这是一种自我迷失，是一种对个人能力的约束

与障碍。

盯住别人不放，以别人的方向为方向，总难超越别人。要想有成就，你得自己开路，而你所开的路是你自己的理想、见解与方式，所以是你所独有的。生活毕竟是活生生、真切切的，回到现实中才发现，抱怨失落并没有解决任何问题，希望、奢望也只能如肥皂泡般不堪一击。所以，不要寄希望于高人能一语道破天机，传你点金之术，真正的高人就是你自己，适合自己的道路需要自己去探索。天下根本就没有一蹴而就的成功，也没有包治百病的灵丹妙药。

有这样一副对联："人贬人褒凭人论，自知自胜谋自强。"别人对你的褒贬其实并不重要，你的才能并不会因此而增加或减少一分，你仍然是原来的你。所以，应牢记这句名言：走自己的路，让别人去说吧！

1888年，法国巴黎科学院发起关于"刚体绕固定点旋转"问题有奖征文，征文条件规定：应征论文的作者除提供论文外，还必须附一条格言。一篇附有"说自己知道的话，干自己应干的事，做自己想做的人"格言的论文，被一致认为科学价值最高。原来论文出自38岁的俄国女数学家苏菲·柯瓦列夫斯卡娅之手。

柯瓦列夫斯卡娅实现了自己的格言"做自己想做的人"。在妇女处于被压迫、被奴役的悲惨地位的十九世纪，她成了走进法国巴黎科学院大门的第一个女性，成了数学史上的第一位女教授。

人生只属于自己，一味遵循他人的思想，不敢面对真理是懦弱的表现，这样的人生是一种悲哀，我们应该成为主宰自己生命的人。亨利曾经说过："我是命运的主人，我主宰我的心灵。"人应该做自己的主人，应该主宰自己的命运，不能把自己交付给别人。生活中有的人却不能主宰自己，有的人把自己交付给了金钱，成了金钱的奴隶；有的人把自己交付给了权力，成了权力的俘虏；有的人经不住生活中各种挫折与困难的考验，把自己交给了上帝！

做自己的主人，就不会成为金钱的奴隶，不会成为权力的俘虏。要不失自我，在各种诱惑面前保持自己的本色，否则便会丢失自己。过于热衷于追求外物者，最终可能会如愿以偿，但却会像奴隶一样把最重要的一样给丢了，那就是自己。

我们有权利决定生活中该做什么，不能由别人来做决定，更不能让别人来左右我们的意志，而自己却成了傀儡。其实，只有自己最了解自己，只有自己的决定才是最好的。我们应该做命运的主人，不要屈服于命运，要向命运发起了挑战，最终战胜它，成为自己的主人，成为命运的主宰。

小泽征尔是世界三大交响乐指挥家之一。他年轻的时候，在参加一次欧洲的交响乐指挥大赛的决赛中，按照评委给他的乐谱指挥乐队演奏。指挥中，他发现有不和谐的地方，最初他还以为是乐队演奏错了，就停下来重新指挥演奏，但还是不行。“是不是乐谱错了？”小泽征尔问评委们，但是，在场的评委们都口气坚定地说乐谱没有问题，“不和谐”是他的错觉。

小泽征尔稍稍思考了一会儿，突然大吼一声：“不，一定是乐谱错了！”话音刚落，评委们立刻报以热烈的掌声。

原来，这是评委们为参赛者专门设计的一个圈套。虽然前几位参赛者也发现有些不对，但遭到权威们的否定后便以为这仅是自己头脑中的一个错觉。而小泽征尔却坚定自己的判断，不盲从权威，最终夺取了这次大赛的冠军。

在社会生活中，不管干什么，都要坚持自己的判断，自己的原则。这里的坚持既包括做事的方法，也包括为人、处事的立场、主见。如果一味地迁就、顺从别人，实际上是软弱的表现。过于软弱，就会逐渐失去自信，而没有自信的人是很难成就什么大事业的。

走自己的路，必须要学会背对一切袭向自己的冷嘲热讽，摆脱无谓的愤懑或消沉心理的无端困扰，然后披荆斩棘，逢山开路，遇水搭桥，并且趁自己在途中小憩的时候，回顾自己所走过的路，总结一下自己得到了些什么，又失去了些什么，走到了何处，又看见了些什么。

记得某位作家曾经说过：“将生命停止在风景美妙的地方，当然有意思。但即便是停止在幽暗之处，停止在人迹罕至的场所，停止在荒凉的原野，也不必遗憾。只要生命能成为一个坐标，能为世人提供一点故事，指点一下迷津，你就不会愧对曾关注过你的那些目光。”

是的，走自己的路在很多时候、很多情况下意味着是在进行最富有意义的生命之旅。在这个旅程中，也许你会陷入“山重水复疑无路”的孤绝境地，但如果你给予自己强大的勇气和精神支柱，坚定自己的目标并勇敢地走下去，或许就会迎来“柳暗花明又一村”的绝佳境地。

# 第05章

## 想在人前，行动的先驱是无限的思维

### 思维漫步给自己的人生准备一份思维盛宴

同样面对一件事、一个问题，不同的人会产生不同的想法，而正是不同的想法决定了每个人日后在人生成败上的不同。

上天所赋予人类最起码的资质是可以让每个人都能做出非凡业绩。不信，就请看看那些你身边的成功人士，他们当初与你不是也没有什么两样吗？他们是如何摇身一变，忽然令你刮目相看了呢？仔细分析一下，你就会发现，他们有独特的思维方式和不同寻常的想法。

生活中，你和别人的差距更多的是体现在思考方法上，虽然初始时就差那么一点点，但日积月累就越拉越大。所以，了解差距并及时总结，方能迎头赶上。成功需要很高的悟性与洞察力，面对差距和挑战，你应及时调整心态，勤于思考。其实，你最需要做的应该是改变自己的想法，哪怕改变的只是很小的一点，也会起到很好的效果。

牛仔裤是最普及和最受欢迎的一个款式，它简单到根本不能称之为发明。但它竟然和可口可乐一起成为美国的象征，其中的奥妙真是让人回味无穷。

一百多年前，美国加州因发现金矿而吸引了大批淘金者，犹太人李维·施特劳斯也是这些淘金者之一，他每天辛勤劳动，但总以失望告终。后来施特劳斯发现这些庞大的淘金队伍需要许多日用品，他便开了一个小商店，还兼卖修补帐篷的帆布。

一天，一位疲惫不堪的矿工到施特劳斯的小店休息，这位整天都在井下挖金矿的矿工抱怨说："唉，我们整天拼命地挖，裤子破了也顾不上补。这鬼地方，裤子破得真快。"听了矿工的话，施特劳斯脑子里闪过一个念头：修补帐篷的帆布不正是很好的耐磨布料吗？如果用帆布做成裤子，一定十分结实。不久，第一条牛仔裤的前身——工装裤就这样诞生了。牛仔裤因为适合了矿工们的要求，因而在矿场上很受欢迎，以后更是风靡了整个世界，成为无论男女老幼都喜欢的服饰，李维·施特劳斯也因此发了大财，成为服装界举足轻重的领袖。

新想法是个好东西，它是人生走向成功的开始。谁拥有新想法，谁就拥有了成功的可能性。许多成功的人都是从拥有一个好的想法开始的，区别仅在于有人把好的想法变成了现实，有人却永远停留在梦想之中。

人们在评价某成功者时，常常会讲述他那不寻常的奋斗历程，即他是怎么干的，却很少提及他当初在"怎么干"之前是"怎么想"的。而"怎么想"为他日后的成功，提供了最原始的基础，也是他本人获取成功的决定性因素，或者说是成功的源泉。可见，面对同一件事或同一个问题，不同的人会产生不同的想法。而正是不同的想法决定了不同的事业走向，决定了能否取得成功。

马丁从剑桥大学毕业后，就职于羊毛工业研究协会。一天，他和其他研究人员一起喝咖啡，不留神将咖啡洒在了滤纸上。这滴咖啡渗入滤纸后，痕迹中心的咖啡色最深，随着咖啡的逐渐渗透，四周的颜色则越来越淡。看着滤纸上深浅不一的颜色，马丁想，也许这个原理可以用于眼下他最关心的氨基酸的分离。经过各种努力，马丁终于研究出一种可以用滤纸分离氨基酸的纸分离法。这一发现使马丁与共同研究者辛格一起获得了1952年诺贝尔化学奖。

喝咖啡时不小心碰洒的人很多，大部分人只是将污痕擦掉，然后把纸扔进纸篓而已。只有每天绞尽脑汁琢磨如何分离氨基酸的马丁才会看到滤纸上的颜色变化，并意识到这里有解决问题的办法，因此他获得了成功。一个新想法可能就是导向成功的引线，你把它点燃后，就可能会产生成功的巨响。但是在现实生活中，由于种种原因，很多人的新想法并没有被点燃，因而也不会看到成功的火焰。

想法是大脑活动的产物，人的一切行为都受它的指使和支配。想法虽然看不见、摸不着，但它却真实地存在着。有什么样的想法，就会有什么样的命运。而在许多人生的转折点上，一旦能调整思路，换个想法，也许就可以看到别样的人生风景，甚至创造出人生的奇迹。

## 没有做不到，只有想不到

每个新事物的诞生，都离不开最初的“想法”。想到的未必都能做到，但做到的首先要想到，有什么样的想象力，就有什么层次的创新。

中国一位传奇的民营企业家有句名言：“没有做不到的，只有想不到的。”可见我们思考方法的匮乏是妨碍成功的一大障碍。只要养成善于思考的习惯，就能获得意想不到的效果。在我们的日常生活中，“不怕做不到，就怕想不到”。每个新的发明的出现，每个新论点的提出，都离不开最初的“想法”。这个想法，也就是思考。莱特兄弟梦想能够飞起来，于是他们发明了飞机；达尔文沉浸在他的生物研究中，最终提出了震惊世界的进化论……所有的计划、目标或者成就，都是思考的产物。根据需要进行联想，通过对大脑既存信息的检索，提取出有用信息，这是妙用联想进行创造的主要途径。人们的创造发明许多都是基于联想思维的这一作用。伟大的科学家爱因斯坦一生从事科学研究，作出了划时代的贡献。他小时候就有着丰富的想象力，在他16岁的时候，他就想象：假如我骑在一条光线上，追上了另一条光线，那将看到什么现象？对这个看似荒诞不经的问题，他却用了10年时间苦心钻研，终于创立了举世瞩目的相对论。毫无疑问，想象力在爱因斯坦的科学研究中发挥了重要的作用。

杰出的原子核物理学家卢瑟福曾说过：“出色的科学家总是善于想象的。”爱因斯坦也把想象力当做一种可贵的智能，他认为：“想象力比知识更重要，因为知识是有限的，而想象力概括了世界上的一切，它推动着进步，并且是知识进化的源泉。”

想象是人的一种思维活动。人的大脑皮层由150亿个神经细胞组成，这些细胞又分成若干部分，各司其职。人的思维能力也因此相应地分成感受力、记忆力、判断力和想象力四种。所谓想象，就是由保存在记忆中的表象出发，把这些表象进行加工、改造，使其产生新思想、新方案、新办法，从而创造出新形象的思维过程。想象力能提高创新的层次，因为它不受已有事实的局限，也不受逻辑思维的束缚，所以想象能为你拓宽创新的视野。想到的未必都能做到，但做到的却首先要想到。

1972年12月23日，尼加拉瓜共和国首都马那瓜发生了大地震，一座现代化城市顷刻间变成了一片瓦砾，死亡万余人。

令人惊奇的是，在震中区511个街区被震毁的房屋废墟中，唯独18层的美洲银行大厦安然屹立，而就在大厦前面的街道地面，却上下错位达1/2英寸，如此奇迹，轰动了全球。

那么，奇迹创造者究竟是谁呢？他就是著名的工程结构专家美籍华人林同炎。他设计美洲银行大厦时不是把思考的重点放在传统的正面思维上，而是采取反向联想的思维方式。他采用框筒结构，这种结构和一般结构不同，具有刚柔相济的特点：在一般负荷情况下，建筑物有足够的刚度来承受外力；而当受到突如其来的强烈的外力作用时，可由房屋内部结构中某些次要构件的开裂，使房屋总刚度骤然减弱，从而大大增强对地震的承受力。这种以建筑物次要构件开裂的损失来避免建筑物倒塌的设计构想，突破了以刚对刚的正面思维模式，从对立面展开联想创新，创造了世界上少有的奇迹。

德国学者莱辛说："缺乏幻想的学者，只能是一个好的流动图书馆和活的参考书，他只会掌握知识，但不会创造。"想象作为形象思维的一种基本方法，不仅能构想出未曾知觉过的形象，而且还能创造出未曾存在的事物形象，因此想象是任何创新活动都不可或缺的基本要素。没有想象力，一般思维就难以升华为创新思维，也就不可能作出创新。

实践经验告诉我们：一切创新活动都离不开想象，想象是人类思维得以充分展开的自由翅膀。运用想象进行创造性工作，已是人们自觉或不自觉的意识，充分强化和挖掘想象在创新活动中的功能，已是当今人们进行创造性劳动的重要途径之一。

## 前途是思考之后的必然走向

成功的人总是带着问题生存。强烈的问题意识是思维的动力，它能促使人们去发现问题，解决问题。在工作中，要战胜困难，达到理想的效果，深思熟虑是不可缺少的条件。在科学、艺术创造中，在规划方案、产品设计、经营运筹中，在理论体系的构筑中，思考具有不可替代的功能。可以说，世界上一切发明、创造，都是思考的产物。

不少心理学家甚至认为，很多重大的发明创造，与其说是问题的解决者促成的，不如说是问题的寻求者促进的。例如，两千多年前，伟大的诗人屈原曾面对长空，发出著名的《天问》，他问天、问地、问人情伦理、问世道沧桑、问四季变化，这些问题后来都成了科学家、哲学家们思考研究的课题，唐代的柳宗元为此专门作了一篇《天对》予以回答。

科学发展到今天，我们对屈原提出的问题可以做出比柳宗元当年准确得多的回答，但《天问》留给我们的思考已远远超出了问题的本身。巴尔扎克说：“打开一切科学的钥匙都是毫无异议的是问号。”在剑桥大学，维特根斯坦是大哲学家穆尔的学生。有一天，大哲学家罗素问穆尔：“谁是你最好的学生？”穆尔毫不犹豫地回答：“维特根斯坦。”“为什么？”“因为，在我的所有学生中，只有他在听我的课时，老是流露出迷茫的神色，老是有一大堆问题。”后来维特根斯坦的名气超过了罗素。有一次有人问维特根斯坦：“罗素为什么落伍了？”他回答说：“因为他没有问题了。”

正如苏格拉底所言：问题是接生婆，它能帮助新思想诞生。心理学研究表明：意识到问题的存在是思维的起点，没有问题的思维是肤浅的思维，当个体活动感到自己需要问“为什么”“是什么”“怎么办”时，思维才算是真正发动了，否则，思维很难展开和深入。

犹太人虽然非常重视知识的积累，但更加重视问题意识的培养。他们把仅有知识而没有才能的人比喻为“背着许多书本的驴子”。他们认为，学习应该以思考为基础，而思考则是由一连串的问题组成的，学习便是经常怀疑，随时发问。问题是智慧的大门，知道得越多，问题就越多。因此，强烈的问题意识是思维的动力，它能促使人们去发现问题，解决问题，直至作出创新。亚里士多德曾说过：“思维是从疑问和惊奇开始的。”有了问题才会思考，有了思考才有解决问题的方法，才能作出创新。

著名的数学家希尔伯特也是一个善于提出问题的人。在1900年第二届国际数学家大会上，他作了题为《数学的问题》的报告，一举提出了当时数学中的23个重大问题。这些问题，后来被称为“希尔伯特问题”。它们的提出，有力地促进了数学的发展。为此，希尔伯特总结道：“只要一门科学分支能凝结出大量的问题，它就充满着生命力，而问题缺乏，则预示着它独立发展的衰亡或中止。”

爱因斯坦说：“提出一个问题往往比解决一个问题更重要，因为解决一个问题也许仅是一个数学上或实验上的技能而已。而提出新的问题、新的可能性，从新的角度看旧问题，却需要有创造性的想象力，而且标志着科学的真正进步。”培根也说过：“如果你从肯定开始，必将以问题告终；如果从问题开始，则将以肯定结束。”

心理学实验证明：人每思考一个问题，就会在大脑皮层上留下一个兴奋点，思考的问题越多，留下的兴奋点也就越多。然后这许许多多的兴奋点就会形成一个类似于网络的东西，每当你遇到新问题时，只要触动一点，就会牵动整个网络进行相关搜索，以此来解决问题。

所以，唯有多思考，才能使脑细胞的结构发生变化，才能在大脑皮层中形成更多的兴奋点，才能使大脑对信息的储存、提取和控制能力有所加强，从而使大脑更加灵活、敏捷，反应更快。

一个养成思考习惯的人，往往不会满足于现状，不会因循守旧，他遇到问题时，会多问一些“是什么”“为什么”，因为他习惯了思考、观察，敢于突破条条框框的束缚，寻求新的思路。成功的人和成功的企业一样，总是带着问题而生存。“我怎么才能改进我的表现呢？我如何做得更好？”做任何事情总有改进的余地，成功者能认识到这一点，因此他总在探索一条更好的道路。

## 问题是思维的起点，是创新的动力

思想是行动的先导，你拥有怎样的思维方式，就会采取怎样的行动，这也就决定了你的命运之路。

你现在怎么想往往会决定你将来怎么做。而不同的做法决定不同的收获和不同的结局。就人类的整体智慧水平而言，每个人的想法又常常具有趋同性——同一个年龄段的人，因其社会背景和所接受的教育相似，那么，其看问题的角度及其想法也大体相同或相似。而很多成功者恰恰是从这相同或相似的想法中跳了出来，产生了不同寻常的想法，如果这个想法是高明的、有益的和有效的，那么，这个想法就极有可能成为这个人走向成功的敲门砖。思考力可以支撑起一个人的人生，用积极的思考去指引积极的行动，那么你的生命将精彩而丰富。

有一天，索尼公司的创始人盛田昭夫外出散步，看到好朋友井深大提着笨重的录音机，耳朵上戴着耳机，也在那里散步。盛田昭夫感到奇怪，就问道："你这是怎么回事？"井深大回答说："我喜欢听音乐，可又不愿意影响别人，所以只好戴上耳机。一边散步一边听音乐，这是一件十分美好的事。"

老朋友的一句话，触动了盛田昭夫：何不生产一种可以随身带的听音乐的机器呢？新产品"随身听"的构想就由此萌芽。根据盛田昭夫的设想，技术力量十分雄厚的索尼公司立即进行了微型录音机零件的研制工作。没过多久，世界上最小的录音机就问世了。

这种新型录音机刚投放市场时，销售部门和销售商担心地说："这种必须使用录音带的机子，却没有录音功能的产品，有几个傻瓜会买它呢？"盛田昭夫坚定地反驳说："汽车音响也没有录音的功能，可是几乎每部车都需要它，因为它贴近和满足了人们的需要。"第一批"随身听"一上市就引起轰动，赶时髦的青年们争相购买，原来预计一年卖10万部，结果一年就售出400万部。

思考力具有强大的力量，它既没有现成的答案可以抄袭，也没有既定的程序可以跟从，正因为如此，它才能为人们指引一条又一条全新的成功之道。可以说，任何一个有意义的构想和计划都是出自于思考。思想有力量，你的行动才会更有力量。

从实际出发，在实践中思考，在思考中实践，思考得越深，实践得越好。实践是一种磨砺，思考同样是一种磨砺，而且是一种更深层次的磨砺。每个人都有思考的机会，当你试着改变自己的思维，朝着成功的方向努力时，一切奇迹都有可能出现。

吉列剃须刀是世界著名的品牌，吉列发明剃须刀完全是从生活需要出发的。有一次，吉列手中的剃须刀在他的脸上划了许多“杰作”，疼得他几次想把剃须刀扔出去！难道就不能生产一种安全剃须刀，解决全世界将近一半人口的刮胡子问题吗？这个念头在他心里一闪，立即就生了根，以后的几年中，他专心研究，决心设计出一种安全剃刀。

他历经千辛万苦，不停地实验，不停地改动设计方案，终于制造出他理想中的剃须刀。然而，这种剃刀上市后，销路并不是很好，第一年只卖出53把剃须刀和170片刀片。吉列没有灰心，他坚信自己的设计是完美的，之所以出现这样的情况，主要是大家还不了解这种剃须刀的好处。

第二年，吉列决定对剃须刀大肆宣传。他请一位著名的漫画家为吉列剃须刀做宣传画，这使得吉列开始有了一些名气。第二次世界大战开始后，吉列作出了一个重大决策，他决定为前线军人提供剃须刀，只收成本费用。后来的事实正如他想的那样，军人的义务宣传，产生了意想不到的效果，吉列剃须刀的名声伴随着胜利的凯歌蜚声全球，吉列梦想中的剃须刀王国也由此开始建立。将一半时间用于思索，一半时间用于行动，无疑是走向成功之道。不懂得运用思索这一“才能的钻机”的人，是难以挖掘出丰富的智慧矿藏的；不善于思考的人，就不能举一反三，触类旁通，享受到创新的乐趣。赢得一切、拥抱成功的关键，就在于你能不能积极地思考、持续地思考、科学地思考。

爱因斯坦狭义相对论的建立历经了10年的沉思，他说：“学习知识要善于思考、思考、再思考，我就是靠这个学习方法成为科学家的。”思想是行动的先导，你拥有怎样的思维方式，就会采取怎样的行动，这也就决定了你的命运之路。让我们记住巴尔扎克的话：“一个能思考的人，才真正是一个力量无边的人！”

# 思想有力量，行动才会更有力量

正确巧妙的思考技巧，对成功来说，无异于机器内部的硬件。大多数人并不缺乏知识与才能，但却不一定有一个正确巧妙的思考技巧。勤于思考是成功者具备的重要素质。思考能带来命运的转机，不肯思考的人就会停滞不前。拿破仑·希尔曾著过《思考致富》一书。为什么是“思考”致富，而不是“努力工作”致富？成功人士强调，努力工作的人最终富有的并不是很多。如果一个人想变富，首先需要思考，是独立思考而不是盲从他人。

美国著名地质学家华莱士，在总结其一生成败经验的著作《找油的哲学》中写道：“找油的地方就在人的大脑中。”他提出一个著名的观点：人的大脑里蕴藏着丰富的宝藏，而思维方式是其中最珍贵的资源。不同的思维方式决定不同的行为目标，思考未来的技巧为你创造一种未来的新形象。要想取得突出成绩，思考是你必不可少的能力。

网易公司首席架构设计师丁磊，1993年毕业于成都电子科技大学。1995年，丁磊第一次上网，网上的魅力让他无限痴迷，于是，他决定创办一家网络公司。1997年5月，他在互联网上打出了网易公司的招牌。网易步入了信息高速公路后，第一大举措就是免费。

网易最先提供的免费项目是免费个人主页。1997年8月，丁磊出钱买下“北京热线”“中网”等5个站点的3个月广告时间，并在网上宣布：网易为所有中国网民免费提供个人主页存放空间服务。丁磊的这一举动立刻招来了嘲笑。自己出钱免费为别人服务，这简直就是傻瓜的行为。过了一年，丁磊免费服务的秘密终于彰显出来了：中国最好的个人主页当中，有80%都存放在网易的网站上。这些人就是一批网络精英，有了这些网络精英，无异于有了一笔不可估量的财富。

在个人免费主页一再升温的同时，网易又推出了最为成功的项目——免费电子邮箱。丁磊为了让他的电子邮件系统便于记忆、容易操作，曾经冥思苦想，寝食不安。一天凌晨两点，丁磊突然来了灵感，想到了用数字注册域名。他跳下床打开电脑一看，还没有人捷足先登，遂一口气注册了163.net、263.net、188.net等一系列数字域名。

丁磊刚刚毕业时还是一个穷学生，但经过十年的艰苦创业，到2003年就一跃成为中国的首富。他在坦言自己的成功经验时说："因为我在大学里学会了思考。"丁磊的巨额财富，印证了思维创造财富的道理。令人感兴趣的是这种迅速扩大的财富，它并没有大规模的生产，也没有大规模的原材料消耗，更没有大规模的产品堆积，它拥有的资源是知识和人的智慧。

衡量一个人致富的潜力不是学位，也不是家庭背景，而是思维的广度。思维的广度决定着财富的多寡，而思维的广度又取决于思维方式，思维方式是自己可以支配的。要想在职场中大展宏图，关键在于你的头脑中是否形成了正确的思路，并是否下决心为之付出努力。要将自己的思维和视野努力变得开阔起来，善于从习以为常的事物中发现新的契机，并积极主动，去认识和发现新的事物。

即使我们不知道自己与丁磊的差距有多大，也要知道，成功与失败之间、幸福与不幸之间，往往只有一步之遥。只要你拥有好的思路，幸福将触手可及；若你迂腐不化，成功则遥遥无期。

世界著名的成功学大师拿破仑·希尔在遍访当时美国最成功的500多位富翁之后得到一个结论——思考即财富。

## 思维的广度决定财富的多少

不是没有好的机会，而是没有好的想法。成大事者善于发现问题，并努力寻求解决问题的方法，甚至让问题成为改变自己命运的机遇。

我们在日常生活中经常会看到，有的人头脑灵活、机敏、迅捷；有的人则比较僵化、呆板、迟钝；有的人思维活跃，新点子、新念头源源不断，一生中有许多创造发明；有的人则一生默默无闻，只会按常规想问题，做事情。这反映出不同的人在思维能力上的差别。

拿破仑·希尔说："思考能够拯救一个人的命运。"事实正是如此，有思考力的人才会有创造力，才能主动掌控自己的命运。平庸的人往往不是不努力，而是不动脑子，这种坏习惯制约了他们走向成功的可能；相反，那些最终能成大事者都养成了勤于思考的习惯，他们善于发现问题，努力地寻求解决问题的方法，甚至让问题成为改变自己命运的机遇。

1986年，日本一个18岁的少年继承了父亲的制面事业。他的父亲病重无法工作，少年开始独力维持家计——养活6个弟弟、3个妹妹及双亲。他不但制面，还要负责卖面。20岁时他爱上了一个女孩，但女孩的父亲不愿意女儿嫁给制面的少年。于是，他改行从事珍珠买卖，并不断学习新的专业知识。一位大学教授告诉他一项未经证实的理论："珍珠的形成，是异物进入珍珠贝，例如砂砾，珍珠贝才会分泌珍珠的成分，将异物包裹起来，形成珍珠。"少年听了大喜过望。他想："如果我将异物植入珍珠贝体内，会不会有人工饲养的珍珠产出来呢？"经过无数次实验终于成功了。他的人工养珠事业使他成为日本知名的大企业家。

要改变命运，先改变思维方式。人们不是没有好的机会，而是没有好的想法。思维影响甚至决定着人们的精神和素质。在相同的客观条件下，由于人的思维不同，主观能动性的发挥就不同，各种行为也就不同。有的人因为具备先进的思维方式，虽然一穷二白，却能白手起家，出人头地；有的人即使坐拥金山，但由于思维落后，导致家道中落，最后穷困潦倒。

一个人能否成功，在很大程度上，就看他的思维方法是否正确。在人类的发展史上，留下了许多成功者充满睿智和创新思维的故事，对此进行认真体会与品味，对于开启我们的智力、训练我们的思维具有极其重要的意义。

田中正一住在日本东京的一条小巷里。他没有工作，穷困潦倒，可他整天将自己关在家里，研制一种“铁酸盐磁铁”，邻居们都认为他是一个怪人。当时他的确是患了病，是一种名叫神经痛的毛病，他到很多家医院看过，却怎么也治不好。由于他正在研制“铁酸盐磁铁”，每星期四他都要带着许多研制中的磁石，到大井都工业试验所去测试。时间一长，他发现了一个奇怪的现象：每逢星期四，他的神经痛就得到缓解。

田中正一是一个探究心很强的人，他为此感到十分好奇，于是就找来一条橡皮膏，在上面均匀地粘上五粒小磁石，然后把粘着小磁石的橡皮膏贴在自己手腕上。很快，他发现这玩意儿对治疗神经痛很有效果，于是就立即申请了专利。田中正一认为：将磁石的南、北极交错排列，让磁力线作用于人体，由于人体内有纵横交错的血管，当血液流过磁场时，就会感生出微电流，这种电流有治病强身的效果。

获得专利权后，田中正一制造出四周镶有六粒小磁石的磁疗带，推向市场。这种新产品上市后，果然一炮打响，在日本出现了人人争购的现象。在销售最好的时候，仅一周，销售额就达两亿日元。就这样，转眼之间，田中正一从一个穷困潦倒的人变成了大富翁！

思考是路标，指引人类走向智慧的彼岸，也指引人类向更先进、更美好的世界进发。思考使我们提高生命的质量、升华生命的意义。诺贝尔奖获得者、英国物理学家约瑟夫·汤姆森和欧内斯特·卢瑟福一共培养出了17位诺贝尔奖获得者，这些天才们无一例外地深刻领悟到思考如何改变了自己的人生轨迹，为自己赢得了辉煌的人生。

很多人一生都在受苦受累，究其原因，很重要的一点便是没有发挥大脑的巨大潜能，让头脑在庸庸碌碌中越变越钝。因为缺少思考，学业上无法上进；因为缺少思考，事业上屡战屡败；因为缺少思考，心态上更容易陷入消极的不良境地，无法自拔。思维方式在很大程度上决定着一个人的行为，决定着一个人学习、工作和处世的态度。可以说，思维方式决定着一个人的前途和命运。

# 不同的想法决定人生的成败

成功的首要因素就是正确的思路。新思路带来新方法，新方法带来新机遇，新机遇带来新成果。成功就这样一次次和有新思维的人不期而遇。影响成功的因素很多，有人排了一下，思维、学历、智商、资金、技术、性格、口才、环境、社会关系、机遇等，甚至连年龄、爱好、性别、外貌都可以成为成功的因素。但在众多成功因素中起决定性作用的是思路，一切成功都是因为有一个正确思路，也即有一个好的思维方式才实现的。古今中外，概莫能外。

有人认为在知识经济时代，只有高学历、高智商或身怀某种特殊技能的人才能获得成功。其实，这种想法是错误的。诚然，高学历、高智商和特殊技能是促进成功的重要因素，但起关键作用的还是人的思路。一些只有小学、初中学历，也没什么特殊技能的人，是如何在短时间内发迹，把事业做大的？那些演艺明星、社会名流、商业巨子为什么能够实现自己的人生价值，并能得到社的认可？答案就是他们有独特的思考技巧。

世界著名的成功学大师拿破仑・希尔著有一本名为《思考致富》的书，这本书一经出版便风靡全球，深受广大读者的喜爱。究其原因，是因为它深刻地揭示了如何运用我们的大脑去实现成功的黄金法则，并提出任何人要想取得成功，都必须要运用我们的头脑去思考。而追究希尔写《思考致富》的原因，与他曾经历过的一件小事不无关系。

有一次，拿破仑・希尔去见一位专门以出售想法为职业的教授，结果却被教授的秘书拦住了。拿破仑・希尔觉得很奇怪：“像我这样有名望的人来见教授，也要挡驾吗？”

秘书回答：“这时候，教授谁也不见，即使美国总统来，也要等两个小时。”

拿破仑·希尔犹豫了一阵，虽然很忙，但他仍然决定等两个小时。

两个小时后，教授出来了，希尔问他："你为什么要让我等两个小时呢？"

教授告诉希尔，他有一间特制的房间，里面漆黑一片，空空荡荡，唯有一张躺椅，他每天都会准时躺在椅子上默想两个小时。这两个小时，是他创造力最旺盛的两个小时，很多优秀的想法都来自于此时，所以这时的他谁也不见。

听了教授的解释，拿破仑·希尔的内心突然涌起了一股强烈的意念："运用思考才是人生成功的要诀。"由此，拿破仑·希尔写下了使他名扬世界的著作——《思考致富》。

大量的事实证明，古往今来，许多成功者既不是那些最勤奋的人，也不是那些知识最渊博的人，而是一些善于思考的人。牛顿说："如果说我对世界有些微贡献的话，那不是由于别的，而只是由于我辛勤耐久的思索所致。"所以，从这个意义上说，人的成就是在正确思考后，并采取行动取得的。

一个人如果不善于开拓思维，不敢于创新，可以肯定，不管他学识多么渊博，也不管他如何刻苦勤奋，他都不可能有什么大的成就。唯有那些眼光敏锐、思维活跃、具有独立性和创新精神的人，才有可能获得真正的成功。

曾经有人问过一位事业上颇有建树的企业家，成功的秘诀是什么？他回答说："成功说到底是看你如何想，如何来设计人生道路的，也就是说一个做人的思路问题。人活在世界上不是做强者就是做弱者。你想做强者，就会为自己找一万个方法来改变自己，激励自己，勇往直前；你想做弱者，就会为自己找一万个理由，使自己沉沦下去。除此之外，我不知道还有什么成功秘诀。"可见，成功的首要因素就看你有没有一个人生发展的正确思路。

新思路带来新方法，新方法带来新机遇，新机遇带来新成果。成功就这样一次次和有新思维的人不期而遇了。教育家、人才学家认为，一个人的才能除了取决于知识、技能外，往往还有赖于他的思维能力。实际上，在人们处理问题的过程中，思维能力的重要性绝不亚于知识和记忆力！每一个成功的人，都能意识到：思考是打开成功大门的钥匙，都会让自己养成思考的好习惯。对待知识和经验应防止习惯和教条，在头脑中给创造留一片思考的空间。在顺境中多思考，我们才能保持清醒的头脑，稳健前进的脚步；在逆境中多思考，我们才会找到失败的症结，踏上通往成功的道路。

## 善用智慧是一张必胜王牌

财富源于智慧，其点石成金的效果可为人带来无穷的商机和财富。用智慧去工作，你可以将问题变成创造奇迹的机会。古人说的“不战而屈人之兵”就是源于智慧的力量。纵观古今，横看世界，社会的发展，人类的进步，无不显示着智慧的力量。

从决胜千里之外的帷幄运筹，到以少胜多、以弱胜强的大小战例；从力学、电学、光学、化学等各方面理论的建树和发展，到机械、电器、原子弹、卫星等各种发明创造，都充分证明：智慧就是力量。做事离不开智慧谋略，而智慧谋略往往能够决定你究竟能有多大的成功率。打仗要有勇有谋，做事也是如此。在很多情况下，有谋比有勇更为重要。

20世纪60年代，美国好莱坞举行过一次募捐晚会，募捐晚会以一美元的收获而告终，创下好莱坞的一个吉尼斯纪录。不过，在这次晚会上，一位叫卡塞尔的小伙子却一举成名，他是苏富比拍卖行的拍卖师，那一美元是他用智慧募集到的。当时他让大家在晚会上选一位最漂亮的姑娘，然后由他来拍卖这位姑娘的吻，最后他募到了难得的一美元。当好莱坞把这一美元寄出的时候，美国的各大报纸都对此事进行了报道。

1972年，卡塞尔移居德国并受聘于奥格斯堡啤酒厂。他果然不负众望，在那里开发了美容啤酒和浴用啤酒，从而使奥格斯堡啤酒厂一夜之间成为全世界销量最大的啤酒厂。

1998年，卡塞尔返回美国，他下飞机时，美国赌城——拉斯维加斯正在上演一出拳击闹剧——泰森咬掉了霍利菲尔德的半只耳朵。出人意料的是，第二天，欧洲和美国的许多超市竟然出现了“霍氏耳朵”巧克力，其生产厂家正是卡塞尔所属的特尔尼公司。这一次，卡塞尔虽因霍利菲尔德的起诉输掉了赢利额的80%，然而，他天才的商业洞察力却给他赢来年薪3000万美元的身价。

2000年，卡塞尔应休斯敦大学校长的邀请，回母校做创业方面的演讲。在这次演讲会上，一个学生当众向他提了这么一个问题：“卡塞尔先生，您能在我单腿站立的时间里，把您创业的精髓告诉我吗？”那位学生正准备抬起一只脚，卡塞尔就已答复完毕：“生意场上，无论买卖大小，出卖的都是智慧。”这次，他赢得的不仅是掌声，还有一个荣誉博士的头衔。

卡塞尔的智慧来源于他对现实生活的洞察力，然后将现实与梦想有机地结合，再巧妙地加上幽默，使他成为一个智慧型人才，成就了他一生的业绩。的确，智慧是致富的必要条件。你的价值在于你的头脑，而不是手和脚。一个人的富有，不是他现在手里拥有多少财富，而是体现在他有一颗会赚取财富的头脑，他是依靠头脑发财的。

智慧能引导你从危难中走出来，逐步地走向成功。思考致富是犹太人经商的重要法则。犹太商人赚钱强调以智取胜。犹太人认为，金钱和智慧两者中，智慧比金钱更重要，因为拥有智慧才能赚到源源不断的金钱。无论在生意场还是职场上，成功的关键在于你的智慧，这才是常胜之本。

有一个富翁曾对一个强盗说过这么一段发人深省的话：“你可以拿走我的汽车，抢走我所有的钱财，但是，只要你不杀死我，留下我这颗脑袋，过不了多久，我又会拥有这些东西。而你呢，当你把从我这里抢来的钱物挥霍掉之后，又会变得一无所有，一贫如洗。” 那个强盗听了这一番话之后，似有所悟，不解地问这位富翁："为什么会这样？" 富翁说："因为我拥有智慧，智慧可以变成黄金，可以使我拥有一切！"

物质财富不是靠抢杀得来的，而是靠智慧。每个人都必须树立用智慧赚钱的思想。职场如战场，善于运用智慧，可以使我们更好地秀出自己、发挥自身的潜力，更多地获得晋升、加薪的良机，从而改变自己的命运。

超级富豪比尔·盖茨最喜欢的一句名言是："即使把我全身剥光，一个子儿也不剩，扔在撒哈拉沙漠中心，但只要有两个条件——一点时间，并让一支商队路过。不需多久，我又会成为亿万富翁。"财富源于智慧，其点石成金的效果可为自己带来无穷的商业机会和财富。无论什么时候，善用智慧，你就可以将问题变成创新的机会、突出自己的机会和创造奇迹的机会。想让自己脱颖而出，善用智慧是你的一张必胜王牌。

# 第06章

## 逆势而行，调转方向突破常规的思维力

### 发散思维思维视野广阔，沿着不同的途径思考

在思考的过程中，并不是只存在一条道路，对客观事物要向相反的方向分析、思考，运用逆向思维方法，有时能够起到出奇制胜的独特效果。

正向思考是每个人都具备的思考模式，但逆向思维是许多人没有注意到的，这就使得人与人之间的思维水平出现了差距，正向思维反映了人的正常思维，而逆向思维在一定程度上会给人一定的启示，从而对探索新方向起到很大的推进作用。

逆向思维作为一种重要的创新思考方法，有着广泛而显著的实用意义。对待某些特殊问题，如果你不满足于只是重复别人的思路，而是努力寻求更广阔的思维空间，想有新的突破、新的创造，那就有必要按照非常规思路，也就是用逆向思维去重新考察问题。华罗庚是世界著名的数学家，他的成就遍及数学领域的很多方面。他之所以取得这么大的成

就，与他极强的逆向思维能力是分不开的。

华罗庚对任何事物都敢于提出质疑，对人们公认的现象、天经地义的事理、权威人物的高论，敢于持怀疑、甚至批判的态度，从不轻易盲从。华罗庚人生的最大转折就得益于他的逆向思维。

1929年，已经对数学有浓厚兴趣并开始了初步探索的华罗庚，虽是个初中毕业生，却对苏家驹在某刊物上发表的论文提出了质疑，并撰文予以更正。从此踏上了一条通往数学殿堂的征途。所以，著名数学家王元后来评论道：“华罗庚的这篇文章，对他的个人命运是决定性的。”逆向思维是超越常规的思维方式之一。按照常规的创作思路，有时我们的作品会缺乏创造性，或是跟在别人的后面亦步亦趋。当你陷入思维的死角不能自拔时，不妨尝试一下逆向思维法，打破原有的思维定式，反其道而行之，开辟新的境界。

“多一只眼睛看世界”，打破常规，向事物的相反方面看一看，遇事反过来想一想，在侧向——逆向——顺向之间多找些原因，多问些为什么，多几次反复，就会多一些创作思路。在创造活动中，运用逆向思维方法，在人们的正常创意范畴之外反其道而行之，有时能够起到出奇制胜的独特效果。王永志是中国载人航天工程总设计师，年轻时曾以创造性思维解决了我国第一枚火箭发射的关键问题，受到科学家钱学森的赏识。

那是1964年6月29日，王永志大学毕业后第一次走进戈壁滩，执行发射我国自行设计的中近程火箭任务。试验发射时，火箭射程不够。专家们都在考虑，怎样再给火箭肚子里添加点推进剂，无奈火箭的燃料贮箱有限，无法再添进燃料。正当大家绞尽脑汁想办法时，一个高个子的年轻人站起来说：“火箭发射时推进剂温度高，密度就要变小，发动机的节流特性也要随之变化。经过计算，要是从火箭体内泄出600公斤燃料，这枚火箭就会命中目标。”大家的目光一下子聚集到这个年轻的新面孔上。提出此见解的是在座的军衔最低的中尉王永志。有人不客气地说：“本来火箭射程就不够，你还要往外泄？”于是再也没有人理睬他的“不合理”建议了。王永志并不就此罢休，他想起了坐镇酒泉发射场的技术总指挥、大科学家钱学森。于是在临射前，他鼓起勇气走进了钱学森的住所。当时，钱学森还不太熟悉这个“小字辈”，可听完了王永志的意见，钱学森眼睛一亮，高兴地喊道：“马上把火箭的总设计师请来。”钱学森指着王永志对总设计师说：“这个年轻人的意见对，就按他的办！”果然，火箭泄出一些推进剂后射程变远了，连打三发火箭，发发命中目标。

当火箭射程不够的问题出现后，王永志面对问题的思维方式与别人不同，他从反面去思考，认为减少燃料能增大射程，这是出人意料的想法。然而，这看起来违背逻辑的想法居然解决了难题。从思维方式看，这是创造性思维的应用。显然，从事创造性活动离不开创造性思维的应用。借助创造性思维，人们可以对事物的发展进行前所未有的思考。

逆向思维需要的是反过来想，突破顺向思维的逻辑模式，获得突破性的效果。我们学习逆向思维方法就是要形成一种观念，即在思考的过程中，并不只是存在着一条明显的思维道路，对客观事物要向相反的方向分析、思考，这样可以改变传统的立意角度，产生全新的见解。

## 独特的思维收到意想不到的成效

逆向思维告诉我们生活中不仅会有常规情况，也会有非常规情况，非常规情况只能用非常规的办法来解决。而逆向思维作为思维的一种方法，常常能提供特殊的解题途径。“逆向思维”是一种很重要的思维方式。“逆向思维”也叫求异思维，它是对司空见惯的、似乎已成定论的事物或观点反过来思考的一种思维方式。敢于“反其道而思之”，让思维向对立面的方向发展，从问题的反面进行探索，树立新思想，创立新形象。

逆向是相对于与正向而言的，正向是指常规的、常识的、公认的或习惯的想法与做法。逆向思维则恰恰相反，是对常规的挑战。它能破除由经验和习惯造成的僵化的认识模式。因此，逆向思维的结果常常令人大吃一惊，喜出望外，另有所得。

20世纪50年代，霍英东慧眼独具，看出了香港人多地少的特点，认准了房地产业大有可为，于是毅然倾其多年的积蓄，投资到房地产市场。在这之前，他都是先花一笔钱购地建房，建成一座楼后再逐层出售或按房收租。但他觉得这样成本回收太慢，而且把钱给用“死”了。他反复考虑能不能先售房、后盖房：先把将要建筑的楼分层出售，再用收上来的资金盖楼，来了一个“先售后建”。这一先一后的颠倒，使他得以用少量资金盖更多的楼房。原来只能建一幢楼的资金，现在他可以用来建几幢楼，同时，他又能有较雄厚的资金购置好地皮，采购先进的建筑机械，从而提高楼房的质量和盖楼的进度，降低了建筑成本。这样一来，霍英东这个房地产界新手竟用不长的时间便成了赫赫有名的楼房建筑大王、亿万富豪。

成就一个人需要创造性思维，也就是逆向思维。我们常说的，大家想不到，你想到了，就成功了。所以要动动你的脑子。在实践中欲解决问题，往往不只有一个答案、一个途径和一个解法，可说是“条条大路通罗马”。在新变革的挑战面前，我们切不可拘泥于已有的条条框框和过去的经验，必须使我们的传统认识得到进一步的检验与发展。

生活中的事情常常如此：T恤衫反过来穿，便成了时尚与前卫的代言；琵琶反弹，成了古典画卷里最经典的造型；直立行走的文明人类，殊不知倒立是最好的健身方式，它能有效加快血液循环……如果我们经常地逆向去思考问题，相信我们的思维会放射出更多灵感的火花，我们的生活也会因此而多一份新鲜的乐趣。

在非洲的坦桑尼亚，有大片的森林和草原，阳光充足、雨量充沛，是一个各种动物栖息的理想家园，但是坦桑尼亚的动物园仍然举步维艰。如何开发并保护这里得天独厚的自然条件，如何使动物园摆脱依靠政府补贴的境况？这些都是每一个动物园管理者头疼的事情。

有一天，动物园的一位工作人员看到报纸刊登的一则消息：有一位妇女请一个铁匠打造了一个大铁笼，每当自己要外出的时候，就把孩子锁在里面。动物园的这位工作人员从这则消息得到了启发，为什么不把人和动物的角色互换一下呢？即把动物园的动物从笼子里面放出来，而把人放到笼子里面去。这样，动物有了更大的活动空间，还原了它们在大自然中的活力。游客在汽车里面观赏动物，也就会更加兴趣盎然了。他的这个建议立即得到了采纳并付诸实施。于是，人们看到了大摇大摆向车窗里面张望的老虎，在森林里优雅漫步的大象，成群结队在草原上自由驰骋的野马，睡醒之后伸着懒腰的狮子…… 此招一出，果然一鸣惊人。从世界各地来感受真实的动物园的游客络绎不绝，从此，坦桑尼亚的动物园名声大噪。

坦桑尼亚动物园的这种逆向思维的思考方法，巧妙地把动物和人的角色进行了互换，迎合了观众要看更真实的动物和猎奇的心理。回归自然的动物更能吸引游客，动物园因此也获利颇丰。

运用逆向思维来思考和处理一些特殊事情，可能会达到出奇制胜的效果。逆向思维告诉我们生活中不仅会有常规情况，也会有非常规情况，非常规情况只能用非常规的办法来解决。而逆向思维作为思维的一种方法，常常能提供特殊的解题途径。

## 改变单一思维，事业呈现多重生机

思考问题的另一面，有助于我们更全面、更深入地挖掘事物发展的本质规律。打破正常的思维方法，从问题的另一面着手会获得意外的收获。在长期的实践中，逆向思维帮助我们解决了很多难题，创造了很多新事物：传统的汽车材料都是金属的，能否用非金属材料制造汽车呢？于是有人发明了全塑汽车。电烙铁的电热丝都是放在烙铁芯的外面的，称外热式电烙铁，根据逆向思维有人发明了内热式电烙铁，将电热丝放在了烙铁芯里面。一般的拆毁旧建筑物都采用炸药爆破，速度很快，但噪声、灰尘及震动会造成扰民并有一定危险。逆向思考一下，慢速爆破是否可行呢？于是有人发明了静态爆破剂，将其加水搅拌后封入钻孔，爆破剂与水起化学反应产生巨大的膨胀力，将物体破碎，且具有无噪声、无灰尘、无震动等优点。

既然逆向思维在科学研究、日常生活中用途广泛，我们不妨学一点逆向思维，突破常人的思维定式，不迷信权威，换一个角度，从相反方向、相反途径去思考问题，这样也许会取得意想不到的效果。

一家烟草公司生产了一种环球牌香烟，他们派出一名推销员到某海湾旅游区去推销。由于这个地区的香烟市场，早已有了不少名牌香烟，因此采用常规方法将难以打开市场。

于是，这位推销员转换了视角，从另一个角度出发，请人制作了许多大型标语牌，竖立在一些不准抽烟的公共场合，标语牌上醒目地写道：此地禁止吸烟，连环球牌也不例外。这些标语牌激发了游客们的好奇心，于是环球牌香烟很快就在这个地区打开了市场。

以上逆向思维创新成果的实例告诉我们：打破正常的思维方法，从问题的另一面着手也能获得成功。逆向思维有可能会使你产生曲径通幽、豁然开朗之感，并最终取得意想不到的功效。

就实际情况而言，逆向思维含义很广。一方面，凡是不按正常方向去思考，而是逆方向去思考的另类思维、颠倒思维、变通思维等，都可以称为逆向思维；而另一方面，逆向思维又是指对某一事件、某一习惯看法、某一个问题做单独的反方向思考，以求有新的突破。我们去注意和思考问题的另一面，有助于我们更全面、更深入地思考和挖掘事物发展的本质规律，为成功找到捷径。

有一位做高档皮衣生意的老板，他在北京有个几百人的工厂，生产的皮衣品牌年年列入全国销售排行榜前几位。皮草行业竞争非常激烈，曾经有一个香港富翁投入了1000万准备做个皮装品牌，没用一年，钱全打了水漂，其激烈程度由此可见一斑。那个香港富商慕名前去拜访他，求教成功的秘诀。他微笑说：这属于商业机密，不能透露。

后来有一次，这位老板喝了点酒，一高兴就对朋友们道出了他成功的秘诀：在公司里，客服部是专门联系给顾客修理皮衣的部门，他发现哪一个款式返回维修得最多，就马上命令车间开足马力生产这种款式。如果某种款式一件返修的都没有，即使利润再高，也得马上停产。朋友们没有一下明白过来。于是老板问：“你们是不是最爱穿你们自己喜欢的衣服？”“是啊。”“穿得次数多了有些地方会不会坏掉？”“是啊。”“坏了之后你会怎么办？”“扔掉或者重新买一件啊。”“如果它价钱很贵而且还是你最喜欢的款式呢？”朋友们豁然开朗：“拿回去修一下坏的地方不是照样能穿吗？”

买得起皮衣的大多是一些手头宽裕的人，那件皮衣如果他不喜欢的话就算是有点贵也不至于麻烦到送回厂里去修。既然肯送回来修，那不是特别钟情这件皮衣还是什么？那位把皮衣生意做得很成功的老板就是靠逆向思维牢牢把住了市场的脉搏和消费者的心理，所谓成功的秘诀就是这么简单。善于改变自己的思路，就可以巧妙地解决一些我们正常思维所不能解决的问题。

正思与反思就像一对翅膀，不可或缺。习惯于正向思考的人一旦具备了逆向思维，就会如虎添翼，大大提高学习和工作的效率。当然，逆向思维的应用也要得当，应用得当才能事半功倍，不得当则会适得其反。总之，逆向思维是一种科学的思维方法，在大部分人都处于正向思维的思维定式之中，逆向思维就更值得强调。

## 视角不同，会看到不一样的世界

有时成败只在于一个思路的转变。正常模式行不通的时候，不妨采用逆向型思维模式。

灵活掌握，随机应变，这头不通走那头，从而开启成功之门。人

的思维方式从大的方面讲有两种：一种是顺向思维，也可以理解为传统思维；一种是逆向思维。在一般情况下，人们都是顺向思维。按一般规律办事，按传统方式处理事情，这些都属于顺向思维的范畴。其实，逆向思维并不是违背客观规律的。在经济活动中，我们有些传统的思维方式，实际上并不符合经济规律。在科技攻关过程中，更需要标新立异的创造性思维，不能循规蹈矩，跟在别人后面。

循规蹈矩的思维和按传统方式解决问题容易使思路僵化、呆板，摆脱不掉习惯的束缚，得到的往往是一些司空见惯的答案。其实，任何事物都具有多面性。由于受过去经验的影响，人们容易看到熟悉的一面，而对其他面却视而不见。逆向思维能克服这一障碍，往往出人意料，给人以耳目一新的感觉。

有我们日常生活中被广泛使用的吸尘器已问世整整100年了。为了有效地清除令人讨厌的灰尘，人类很早就开始了对除尘设备的研究。人们首先想到的是用“吹”的方法，即采用机器把灰尘吹跑。

1901年的一天，在伦敦某个火车站举行了一次新式除尘器的公开表演。这种除尘器，就是把灰尘吹跑。当“吹尘器”在火车车厢里工作时，灰尘到处飞扬，使人睁不开眼、喘不过气。当时参观者中有一个叫赫伯·布斯的技师，他突发奇想：吹尘不行，那么反过来吸尘行不行？他决定试一试。回家后他用手帕蒙住口鼻，趴在地上用嘴猛烈吸气，结果地上的灰尘都被吸到手帕上来了。试验证明，吸尘的方法比起吹尘来要高明得多，于是，带着灰尘过滤器的负压吸尘器便诞生了。

在一般情况下，人们是按照常规的思路思考问题的，这样比较经济、有序、保险。但是，在某些情况下，常规思维造成的思维定式会束缚人们的思路，影响人们的创造性。当你走投无路的时候，为什么不倒过来想一想呢？我们知道，有很多商业机会，有时我们从正面去做，反而做不成，那我们不妨从侧面，去挖掘它的客观价值和派生价值，往往会获得意想不到的成功。由此可以看出，顺向思维、传统思维，并不是在所有情况下都是科学的、正确的思维。在有些情况下，顺向行不通了走走逆向，从这个方向思考找不到答案再从相反方向想一想，没准会独辟蹊径，取得意想不到的收获。

在18世纪的法国，土豆种植有很长一段时间得不到推广。医生们认定它对健康有害；农学家断言，种植土豆会使土壤变得贫瘠。法国著名农学家安瑞·帕尔曼切曾吃过土豆，觉得土豆是一种很好的食品，于是决定在本国培植它。可是，过了很长一段时间，他都没能说服任何人。面对人们根深蒂固的偏见，他一筹莫展。后来，帕尔曼切决定借助国王的权力来达到自己的目的。

1787年，他终于得到了国王的许可，在一块出了名的低产田上栽培土豆。帕尔曼切发誓要让这不受欢迎的“鬼苹果”走上大众的餐桌！他耍了个小小的花招——请求国王派出一支全副武装的卫队，白天晚上轮流值班对那块土地严加看守。这异常的举动，撩拨起人们强烈的偷窥欲望。周围的农民无不好奇，不断地趁着士兵的“疏忽”而溜进去偷土豆，小心翼翼地把偷来的土豆拿回去研究，种在自家地里，精心侍弄，看到底有何不同。哨兵对周围农民偷土豆的情况，表面上似乎严禁，实际上则睁一只眼闭一只眼。当周围农民种的土豆获得丰收之后，所谓的“鬼苹果”的优点也就广为人知了。就这样，通过这个巧妙的主意，土豆在法国普及开来，很快成为最受法国农民欢迎的农作物之一。土豆食品也昂然走进了千家万户。

逆向思维能使思维更加灵活，且找到更多解决问题的途径。逆向思维的价值是它对人们认识的挑战，是对事物认识的不断深化，并由此而产生原子弹爆炸般的威力。我们应当自觉地运用逆向思维方法，创造更多的奇迹。

## 联想越多，成功的概率越大

问题的产生和解决，都必须有一定的条件。如果我们针对某一问题，采取改变条件即“条件颠倒”的方法，必然会引发出对事物的新的认识，或认识事物的新方法。逆向思维又叫反向思维，是指一种与正常思维取向相反的思维形式。如果多数人考虑问题是以自我为出发点，那么以他人为出发点考虑问题就是逆向思维；如果多数人考虑问题以现在为出发点，那么以未来为出发点考虑问题就是逆向思维；如果多数人对某一问题持肯定意见，那么持否定意见的就是逆向思维，反之亦然。

由此可见，这个世界上并不存在绝对的逆向思维模式，当一种公认的逆向思维模式被绝大多数人掌握并应用时，它就变成了顺向思维。

逆向性思维在各种领域、各种活动中都有其适用性。由于对立统一规律是普遍适用的，而对立统一的形式又是多种多样的，所以逆向思维也有无限多种形式。如性质上对立两极的转换：软与硬、高与低；结构、位置上的互换、颠倒：上与下、左与右；过程上的逆转：气态变液态或液态变气态、电转为磁或磁转为电等。不论哪种方式，只要从一个方面想到与之对立的另一方面，都是逆向思维。逆向思维是一种比较特殊的思维方式，它的思维取向总是与常人的思维取向相反，人弃我取，人进我退，人动我静，人刚我柔等。

我国著名的速算专家史丰收，在上小学的时候就产生了这样的想法：数学演算为什么一定要从右到左，从低位数开始呢？计算法不能像读书写字那样也从左到右，从高位数开始吗？他长时间地沉浸在这个将计算过程进行颠倒的问题中，通过不懈努力，终于创造了驰名中外的“史丰收速算法”。

人们习惯于沿着事物发展的正方向去思考问题并寻求解决办法。其实，对于某些问题，尤其是一些特殊问题，从结论往回推，倒过来思考，从求解回到已知条件，反过去想或许会使问题简单化，使解决问题变得轻而易举，甚至因此而有新发现，创造出惊天动地的奇迹来，这就是逆向思维的魅力。

逆向思维为什么有用，因为生活当中不仅有常规情况，也会有非常规情况，非常规的情况只能用非常规的办法来解决。逆向思维常常能提供特殊的办法。一艘船被撞了一个大洞正处于危急之中。常规的办法是用物把洞口堵住，可是海水压力太大堵不住。你看，有人急中生智，用一把伞由内向外撑开，靠海水的压力堵住了洞口。

通过分析总结我们认为，条件逆反是创造发明的一种行之有效的方法。事物的存在和发展、问题的产生和解决，都必须有一定的条件。

条件是引起事物变化和问题改变的关键因素。据此，如果我们针对某一事物，采取改变条件即“条件颠倒”的方法，必然会引发出新的事物，或更深刻地认识事物的新方法来。

1927年，德国乌发电影公司摄制了世界上第一部太空科幻故事片《月球少女》。在拍摄火箭发射的镜头时，为了加强影片的戏剧效果，导演弗里兹·朗格想出一个点子，将顺数计时“1、2、3发射”，改为“3、2、1发射”！这一颠倒的计时方式竟引起了火箭专家的极大兴趣。经研究，专家们一致认为这种倒数计时发射程序十分科学，它简单明了、清楚准确，突出地体现了火箭发射的准备时间逐渐减少的紧迫感，使人们思想高度集中。从此以后，火箭或导弹发射都采用了倒数计时的程序。朗格用逆向思维的方法，以退为进，无意间创造了一种新的表达方式。

事情起作用的方式是事物的一种基本属性，同事物本身的性质、特点与作用有机地联系在一起。为了达到某种效果采取一定的措施，使某一事物起作用的方式有所改变，那就可能会引起该事物的性质、特点或作用，也相应地产生符合人们的需要的某种改变。

逆向思维体系中的“条件颠倒法”的实际应用，给我们的启示是：只有敢想、肯想、多想，勇于从新的视角挑战问题的人，才有成功的可能。

# 一个新想法是旧成分的组合

一般人都习惯于顺向思维，习惯于按部就班地思考问题，这样可能会失去很多新发现的机会。如果我们能逆向思考，往往能迸发出全新的创意，创造出惊人的成果。逆向思维既是一种思维形式，也是一种思维方法。

打高尔夫球是人们非常喜欢的体育运动，但是高尔夫球场的要求很高，占地很大，必须种上高质量的草坪，其造价十分昂贵，这就使普通老百姓难以涉足。能不能在普通的水泥地上打高尔夫球呢？有人想出了绝妙的主意：普通的高尔夫球在草地上滚与带毛的高尔夫球在水泥地上滚不是差不多吗？于是有人就发明了带毛的高尔夫球，可以在普通的水泥地上打，深受高尔夫球爱好者的欢迎，同时也给他带来了财富与荣誉。

利用逆向思维方法，可以巧妙地解决一些我们正常思维所不能解决的问题。把思维方法来个180°大转变，有时会取得意想不到的效果。历史上有许多成功者都是采用逆向思维法而取得重大发现和发明的。

20世纪40年代，方块糖虽然用防湿纸包装，但是密封纸张不管有多厚、有多少层，时间一长，方块糖仍会渐渐变潮，甚至发黄。各家制糖公司动用了不少专家，耗费了不少资金，就是找不到有效的防潮方法。科鲁索是一家制糖公司的普通职员，因为每天都接触方糖，对方糖的属性很熟悉，工作之余，他也琢磨着怎样才能够找到一个有效的防潮方法。他尝试了很多方法都没有效果。这天，他异想天开地在方糖的包装纸上打了一个洞，结果，空气的对流使得方糖受潮现象一下就消失了，终于解决了很多专家都头疼的问题。科鲁索也因此得到了提升。

在需要创新时，常规思维方法不仅不能解决问题，而且还会束缚人们的思路，影响人们的创造性。这时，如果善于转换视角，从相反的方向去思考，也就是采用逆向思维方法，往往会产生超常的构思和新观念。

在思考过程中，需要合理想象与创造性思维，只有这样，人的认识能力才能得到进一步提高，认识成果才会不断增加。而创造性思维的一个特点就是敢于打破常规，进行逆向思考。人的每一种行为、每一种进步，都与自己的逆向思维能力息息相关，离开了逆向思维，很多事情都难以办成。

香港一家生产胶水的小公司，经过全厂职员的不懈努力，研制出了一种新型胶水，叫“最强力万能胶水”。这种胶水黏性很好，为了使这种胶水被人们所了解和购买，公司没有像其他厂家那样，把自己的产品登在报纸上或在电视中大肆宣传，而是独辟蹊径，想出一种出奇制胜的推销方法：他们把几枚价格数千港元的金币用这种“最强力万能胶水”粘贴在墙壁上，并且宣布谁能够徒手把金币抠下来，金币便归其所有。

消息传播开来，立刻引起人们的极大兴致。一时间，该公司门庭若市，观望者、想一试身手者如潮。许多自命不凡的大力士自以为能“力拔千金”，得到这笔意外之财，然而费了九牛二虎之力，也只能“望币兴叹”。甚至有个气功师也跑来凑热闹，结果也是乘兴而来，败兴而归。

这下，人们议论开了，都知道这几枚金币是由一种“最强力万能胶水”粘在墙上的。从此这种胶水销路大畅，没有几年，公司的利润就高达数百万美元。成功之道，本来就有两种：一曰顺受，二曰逆取。当自己不能顺利地取得成功的时候，不妨试一下逆取，也许会取得意想不到的结果。保健品“交大昂立一号”的成功之处就在于运用了逆向思维：当所有的保健品都在宣传怎样增加营养的时候，“交大昂立一号”却大唱反调，反“入”为“出”，独创性地大胆提出“清除体内垃圾”的保健新观念，从而一举成名。

逆向思维作为通向成功之路的一种捷径，它缩短了行动与目标之间的距离，常常是成功人士发掘机遇，牢牢把握机遇的窍门，它匠心独具、别出心裁，往往能为你实现理想做出独创性的贡献。

## 思考的范围决定解决问题的途径

如果你思考的是较复杂的问题，又难以寻求到合理的答案，那不妨倒过来想想。它有可能会使你产生曲径通幽、豁然开朗之感，并最终取得某种意想不到的创新效果。

不能只用一种角度去观察与思考问题，而要因地制宜、因事制宜、因时制宜，不断变换思维角度，才能发现问题的新触角和新亮点。一个人的境遇和地位会大大影响他观察和思考的角度，对问题的感受与认识也会随情境的变化而产生差别。在实践活动中，我们需要对事物采取不同视角，即变换观察和思考的角度去更全面地了解和认知事物。

实际上事物发展的过程，是多种多样的，是随各种因素变化而变化的。著名学者何名申指出：当事物的发展趋势发生了方向性的重大改变时，人们对它的认识和态度也就自然需要随之做出相应的调整。因此，如果将问题的某一发展过程倒过来思考，很有可能引发和促成头脑中产生与问题的新发展趋势相适应的新念头。

传统的破冰船，都是依靠自身的重量来压碎冰块的，因此它的头部都采用高硬度材料制成，而且设计得十分笨重，转向非常不便，所以这种破冰船非常害怕侧面漂来的冰块。前苏联的科学家运用逆向思维，变向下压冰为向上推冰，即让破冰船潜入水下，依靠浮力从冰下向上破冰。新的破冰船设计得非常灵巧，不仅节约了许多原材料，而且不需要很大的动力，自身的安全性也大为提高。遇到较坚厚的冰层，破冰船就像海豚那样上下起伏前进，破冰效果非常好。这种破冰船被誉为“本世纪最有前途的破冰船”。

在现实生活中，这种“过程颠倒”的逆向思维有很多创新的事例。在一些大百货公司里普遍使用的电动扶梯，就是采用“走路”颠倒成为“路走”，让“路动”而“人不动”的逆向思维创新的成果。日本丰田汽车公司的创始人丰日喜一部说过这样的话：“如果我取得了一点成功的话，那是因为我对什么问题都倒过来思考。”

通常，人们在思考问题时，注意力会自然而然地集中在明显的或对自己有利的思路，而对那些不太明显或对自己不利的思路则视而不见。这本无可厚非，但是在一些特殊情况下，比如在两军对垒的战场上，远和近一旦与对方兵力部署的虚和实相结合，矛盾的双方就会向各自的相反方向转化：远而虚者，易进易行，行动快，费时少，成了实际的近；近而实者，难进难行，行动慢，费时多，成了实际上的远。如果还是按照常规的思维方式决定远近的取舍，势必会造成行动上的失误，欲近实远，欲速不达。在这种情况下，还是那些善于采用逆向思维、舍近求远的人能最先到达目的地。

一次，西汉名将李广领兵戍边，在巡逻途中因追击匈奴的三个狩猎人而与匈奴的大队骑兵相遇。敌人数千骑，黑压压的一片，李广随从只有百余骑。匈奴将领见汉兵这样少，猜想他们是担负引诱任务的小分队，便急忙下令抢占附近的山头，居高临下地列开阵势。李广的部下们非常慌张，掉头想跑但被李广喝住。他说，如果逃跑，难免被敌人追杀，而如果不跑，敌人反会以为他们是一支诱兵，不敢轻举妄动。于是，李广带领士兵继续前进，走了约有两里路，在一棵大树下解鞍休息，显示出一副目空一切的样子。这时，一个骑着白马的敌将冲出来试探虚实，李广飞身上马，射杀敌将，回来后又照样纵马长卧。夜幕降临之后，匈奴兵怀疑四周确有汉兵埋伏，只好撤退了。第二天早晨，李广等人不见了匈奴的大队人马，才从容不迫地回到了汉营。

李广这次化险为夷，除了他一身是胆的原因之外，还与他超常用兵有关。按理，百十个人遇到了几千的敌人，只能是逃之夭夭，这是一般的常识，敌方的将领也正是这样想的。但李广的谋略更高一层，他来了个反常用兵，不但不逃，反而大摇大摆地前进。于是，敌将不能不想：汉兵设下了圈套，诱兵在前，伏兵在后，从而发生误判。李广等人的行动，创造了一个大敌当前却转危为安的奇迹。

如果你思考的是较复杂的问题，又难以寻求到合理的答案，那不妨倒过来想想。它有可能使你产生曲径通幽、豁然开朗之感。换一种思维，从另外一个方面判断问题，从而把不利变为有利。换一种思维方式，把问题倒过来看，不但使你在处理问题的方法上找到峰回路转的契机，也能使你找到快乐。

## 集思广益，发挥群体智慧

任何事物都不是孤立存在的，都与周围的事物有着这样或那样的联系。顺着常规的思路走，你可以看到大多数人都能看到的结果。逆着常规的思路思考问题，常常会在山穷水尽之后展现出柳暗花明来。

生产玩具的厂家，其设计一般都追求色彩鲜艳、造型美观，然而美国鬼才公司却设计了一种外皮皱巴巴的丑陋的玩具狗，这种一反常态的构思，是一种风格迥异的丑，丑中还透出一丝憨态，从而引起人们的猎奇心，觉得花几个钱抱一只奇异的狗回家是值得的。不出所料，皱皮狗成为市场上的畅销产品。逆向思维为什么有效？因为事物有众多不同侧面，从不同的角度分别去观察，自然会得出不同的结果。即使是对同一事物的同一侧面，从不同的角度去观察、思考它，也会产生认识上的差别。突破常规思维，从另外的角度进行思考，产生意想不到的效果。

科学家兰米尔采用逆向思维法，发明了充气电灯泡。当时的电灯泡有个致命的弱点，钨丝通电后很容易发暗，使用不久灯泡壁就会发黑。

一般人按常规思维都认为要克服这个毛病必须进一步提高灯泡的真空度，但兰米尔的想法却与众不同。他不是去提高灯泡的真空度，而是采用充气法，他分别将氢气、氮气、二氧化碳、氧气等充入灯泡，观察和研究它们在高温低压下与钨丝的作用。当他发现氮气有减少钨丝蒸发的作用时，便断定钨丝在氮气中可以延长工作时间。1928年，他由于充气灯泡的发明而荣获帕金奖章。

事物存在发展有各种可能性。一般人大都着眼于事物发展比较明显的角度，即所谓常规角度，而易忽略非常规角度即反映特异性的方面去探求事物。但思考活动要有所创新，常常都需要有意识地摆脱常规角度，而采取非常规的角度——特别去注意和捕捉事物发展趋势中的不明显可能性。有的可能性看起来很不明显、很难实现，但在特定条件下却常常会出人意料地成为现实。

在创新活动中，单一的视角往往没有出路。为此我们必须学会适时地转换视角，从不同的视角去观察事物，以找到新的突破口。由于这种思维方式灵活多变，能出奇制胜，所以往往能取得意想不到的成功。这种事例在日常生活和工作中有很多，电影放映员普洛米奥对自己在电影放映中出现的错误，通过将错就错的探索思考与实际努力，竟然使它最终成为一种电影拍摄的“倒摄特技”。

巴黎某电影院放映一部叫《折墙》的电影时，由于放映员普洛米奥在放映前没有倒片子，使得片中所表现的“一堵危墙被推倒在地”，在银幕上出现了相反的情景：一堵被推倒的墙，又从残垣断壁中重新立了起来。这一意外错误引起了普洛米奥的思考，他想：这是否可以成为一种新的拍摄技术呢？后来，他配合摄影师在一部叫《迪安娜在米兰的沐浴》的电影中，有意识地运用了倒摄的方法，使观众在银幕上看到，跳水女郎的一双脚先从水里冒出来，然后倒着翻转180°，最后又轻轻松松地落到了高高的跳板上，这引起了全场观众的一片热烈掌声。从此以后，倒摄就成了电影拍摄中的一种被普遍采用的新技术。

在工作中发挥逆向思维的威力，就会多一个解决问题的方法。不同的文化、行业都有自己看世界的方式。新的观念、好的主意常常来自冲破那些习惯而成的思维疆界中，把目光投向新的领域。正如新闻记者罗伯特·怀尔特所说：“任何人都会在商店里看时装，在博物馆里看历史。但是具有创造性的开拓者却是在五金店里看历史，在飞机场上看时装。”

逆向思维是从另一个角度看问题，可以让人们豁然开朗，在困境中找到安慰，在得意时看到不足。无论从事何种行业，只要善于思考总会发现新的天地。尤其是那些身陷困境的人，更要开动脑筋，大胆思考，敢于走前人没走过的路，才有可能从“山重水复”走到“柳暗花明”。

# 第07章

## 多维思考，多层次多角度拓展发散思维

### 变通思维思维的变化拥有改变一切的力量

思维的独特性是以独立思考、大胆怀疑为前提的，能以前所未有的新角度、新观点去认识事物。思维越独特，往往就越能收获到意想不到的惊喜。发散思维又称求异思维、辐射思维，它是从一个目标或思维起点出发，沿着不同方向，提出各种设想，寻找各种途径，解决具体问题的思维方法。不少心理学家认为，发散思维是创造性思维的最主要的特点，是测定创造力的主要标志之一。

发散思维的概念，是美国心理学家吉尔·福特在1950年以《创造力》为题的演讲中首先提出的。五十多年来，这一观点引起了人们普遍重视，促进了创造性思维的研究工作。发散思维是人类最基本的一种思维形式，其他一些思维形式，例如联想思维、创意思维、颠倒思维等，都是发散思维的一种变形，或者是由其派生出来的。因此，对发散思维了解得越透彻，对其他的思维方式就会理解得越深刻。

在一段长达1000公里的电话线上，积满了雪，严重影响了电话通讯的正常进行。为了清除积雪，有关部门向社会各界紧急征求方案。许多专家和相关人员纷纷提出了不少建议，然而这些建议都不能令人满意：有的做法复杂烦琐，有的耗时过长，有的花钱太多。迫不得已有关部门进行了公开报道希望能征集更多、更好的建议。结果一位飞行员提出一个方案：驾驶直升机沿电话线上空飞行，飞机强大的气流可以清除电话线上的积雪。这一方案最后被采纳实施，效果又快又好。据线路主管部门事后公布的材料说，这位空军飞行员提出的做法是他们收到的第36号方案。发散思维的独特性，又称新颖性、求异性，是指“与别人看到同样的东西却能想出不同的方法”。思维的独特性是以独立思考、大胆怀疑、不盲从、不迷信权威为前提的，能超越固定的、习惯的认知方式，以前所未有的新角度、新观点去认识事物，提出超乎寻常的新观念。

事实证明，发散思维的能量是巨大的，它能激发出全新的创意，让那些看来毫无希望、在常规思路下根本办不成的事，前景突然变得光明起来。华若德克是美国实业界大名鼎鼎的人物。在他未成名时，有一次，他带领属下参加在休斯敦举行的美国商品展销会，令他感到懊恼的是，他被分配到一个极为偏僻的角落。华若德克沉思良久，他觉得自己若放弃这一机会实在是太可惜，而改变这种厄运需要一种出奇制胜的策略，可是怎样才能出奇制胜呢？他经过一番思考后，一个计划产生了。

华若德克让他的设计师设计了一个古阿拉伯宫殿式的氛围，围绕着摊位布满了具有浓郁的非洲风情的装饰物，把摊位前的那一条荒凉的大路变成了黄澄澄的沙漠。他安排雇来的人穿上非洲人的服装，并且特地雇用动物园的双峰骆驼来运输货物，此外还派人订做大批气球，准备在展销会上用。华若德克叮嘱员工，在展销会开幕之前，任何人不能透露半点风声。还没有到开幕式，这个与众不同的装饰就引起了人们的好奇，不少媒体都报道了这一新颖的设计，市民们都盼望着开幕式尽快到来，好一睹为快。

展销会开幕那天，华若德克挥了挥手，顿时展览厅里升起无数的彩色气球，气球升空不久自行爆炸，落下无数的胶片，上面写着：“亲爱的女士和先生，当你拾起这小小的胶片时，你的运气就开始了，我们衷心祝贺你。请到华若德克的摊位，接受来自遥远非洲的礼物。”

这无数的碎片洒落在热闹的人群中，消息越传越广，致使人们纷纷集聚到这个本来无人问津的摊位前，人山人海，生意异常兴隆，而那些黄金地段的摊位反而遭到了人们的冷落。

任何事物都有着许多的不同方面，不同事物间也总是存在着一定的联系，而发散思维具有发散性、多维性、求异性、想象性和灵活性等特点，因此在创造发明过程中起着十分重要的作用。它能够使人们摆脱思维定式的束缚，在思考问题时不拘一格，不落俗套，充分发挥大脑的想象力。这时，通过新知识、新观念的重新组合，往往就能产生更多、更新的答案、设想或解决问题的方法。

因此，发散思维在创新过程中扮演着极其重要的角色，在科学研究中，如果能灵活地运用发散性思维，用非常的眼光去考察大家所熟悉的事物，那么往往会从“同”中见“异”，从“寻常”中挖出“新意”。

## 学会变通是跨越障碍的重要一步

思路的改变可以解决单向思维难以解决的问题，可谓化腐朽为神奇。因此，看事物不能用一种眼光，而要多角度、多方面地去观察，从常规中求新意。由于受传统、习俗、社会风气等影响，一个人甚至一个国家和民族都容易形成单向的思维定式。定式思维是一种先入为主、以偏概全的思维模式，它把多种多样、不断发展变化的世界纳入一个固定的思维模式之中，很容易陷入主观主义与形而上学的泥潭。法国哲学家拉康作了一个比喻：以单向思维去看世界，正如一位医生用事先开好的药方去对付各种不同疾病的患者。发散性思维要求人们多视角、全方位、开放性地思考问题。在当代科学发展出现许多边缘科学，学科之间相互联系、相互渗透越来越紧密的情况下，倡导发散性思维显得尤为重要。

人一旦陷入思维定式里，脑子就会僵化，这是很可怕的。但是，一个人一旦懂得运用发散思维，很多问题就能迎刃而解。发散思维实际上就是一种“拥抱多样”的思维。发散使我们的心灵更加开放，使我们的思维更加开阔，使我们的选择更加多样。显然，如果人们知道了发散思维的重要作用和它的运用技巧，也就知道了在追求成功时应该怎样去思考问题。日本有家东洋人造丝公司，在生产中遇到一个难题，即合成每档纱的五根线粗细总是纺不均匀，技术人员想尽办法也解决不了这个难题，大量次品直接影响了公司的效益。这时，有个生产班长建议，既然五根线纺不均匀，何不索性生产一种表面粗糙的面料，给一贯追求光滑闪亮衣服的顾客来个惊奇呢？公司采纳了他的建议，结果这种表面粗糙的新型面料一投放市场，就大受顾客欢迎。

思路一变，不仅解决了单向思维难以解决的问题，而且使次品摇身一变成为畅销品，可谓“化腐朽为神奇”。因此，看事物不能用一种眼光，而要多角度、多方位地去观察，从常规中求新意。对一个问题，我们可以通过组合、分解、求同、求异等方法，让思路拓宽，从而创造出一种更新、更好的事物或产品。我们在工作实践中常常会碰到这样的情形，当一件事情、一个难题走入绝境，用一种思维方式无法求解时，换一种思维方式，往往能找到新的切入点，使问题迎刃而解。所以，掌握和运用好科学的思维方式，努力改变单一的思维习惯，往往会给工作和生活创造有利条件。

1952年，由于受经济下滑的影响，日本东芝电器公司积压了大量的电风扇销售不出去。为此，公司的有关人员虽然绞尽脑汁想了很多办法，但销量还是不见起色。看到这个情况，公司的一个基层小职员也努力地想办法，几乎到了废寝忘食的程度。一天，小职员看到街道上有很多小孩子拿着五颜六色的小风车在玩，头脑里突然想道：为什么不把风扇的颜色改变一下呢？这样既受年轻人和小孩子的喜欢，也让成年人觉得彩色的电扇能为屋里增光添彩啊。想到这里，小职员急忙跑回公司向总经理提出了建议，公司听了这个建议后非常重视，特地召开了大会仔细研究并采纳了小职员的建议。

第二年夏天，东芝公司隆重推出了一系列彩色电风扇，一改当时市场上一律黑色的面孔，很受人们的喜爱，掀起了抢购狂潮，短时间内就卖出了几十万台，公司很快摆脱了困境。而这位小职员因此获得了公司2%的股份，同时也成了公司里最受大家欢迎的职员。

在瞬息万变的社会中，如果一味地恪守固有的经验，很容易把人的思路引入歧途，也会给生活与事业带来消极影响。世间万物千奇百怪，变幻莫测，固定、单一的思维模式是不足以应对复杂多变的世事的。在做事的时候，需要合理想象与创造性思维相结合，才能事半功倍。一成不变的思维方式，将会带来毫无生机的生活局面。要改变这种思维定式，需要我们改变观念，也就是不断学习新知识，并随着形势的发展不断调整、改变自己的行动。不善于改变思维，就根本不可能找到成功的路径。因为改变思维是改变自己的内在基础，只有积极思考，勇于变通，你才可能实现自己的人生目标。有时，抛开思维的固有模式，我们可以获得更多。

## 如果旧路不通，那就开拓新的道路

在科学研究领域，许多问题的方案是无穷无尽的，只有大胆地打开思路，从不同的视角入手，努力追求多种答案，才能产生新主意、新发明、新创造。发散思维是指人在思考问题时，思维会以某一点为中心，沿着不同的方向、不同的角度，向外扩散的一种思维方式。

打个比方说吧，它犹如早晨的太阳，向四面八方放射出无数光芒。发散思维是一种立体化的思维，它发出的思维光芒既无确定的方向，也无确定的范围，既不受现有的思维束缚，也不受已有的知识限制，因此，它是一种完全开放型的思维。

有人曾对一群学生做过一个测试，请他们在五分钟之内说出红砖的用途，结果他们的回答是："盖房子、建教室、造烟囱、铺路面、盖仓库……"尽管他们说出了砖头的多种用途，但始终没有离开建筑材料这一大类。其实，我们只需从多个角度来考察红砖，便会举出如压纸、砸钉子、打狗、支书架、锻炼身体、垫桌脚、画线、做红标志、甚至磨红粉等诸多其他用途。这种从尽可能多的角度观察同一个问题，不受任何限制的思维方式就是发散思维。

人们常常生活在自己的习惯里。用习惯的眼光看问题，用习惯的思路想问题。因此，眼光往往受到限制、约束，思路变得狭窄，无法发现生活的真谛和创业智慧。这时候，一个小小的改变可能会引起意想不到的效果。

有这样一个思维测试题：在一座山上种四棵树，怎样使它们之间的距离都相等？结果受测试的同学左思右想也想不出好办法。原来答案是将其中的一棵种在山顶上。这些学生之所以难以找到最佳答案，原因就在于他们平时习惯于平面思维，而不会使用立体扩散方法。

立体扩散方法，也叫整体扩散方法或空间扩散方法，是指对认识对象从多角度、多方位、多层次、多学科、多手段地考察研究，力图真实地反映认识对象的整体以及这个整体和其他周围事物构成的立体画面的思维方式。立体扩散方法反映的不是个别现象，而是一个有机的整体，它是发散思维的一种重要方法。

据说爱因斯坦在工作之余很喜欢与他的儿子一起嬉戏。有一次，他的儿子突然问他："爸爸，你是不是很聪明？"爱因斯坦感到很奇怪，便反问儿子："你怎么想到问这个问题？"儿子说："我们的老师说你是世界上最伟大的科学家，只有你发现了相对论，如果你不是比别人聪明的话，为什么别人没有发现相对论？”爱因斯坦笑着说：“不是我比别人聪明，只是因为我善于使用立体思维来观察问题，这就像一只甲虫在一个篮球上爬行，由于它看到的世界都是扁平的，所以它永远也不会知道自己是在一个有限的球体上爬行。而如果飞来一只蜜蜂，它一眼就会看出甲虫是在一个有限的球体上爬行，因为蜜蜂的视觉是立体的，这对它来说是轻而易举的事情。而你爸爸就像这只蜜蜂，所以我发现了相对论。”

一个人的立体思维能力越强，就越能表现出高人一筹的智慧。由于立体扩散方法运用了不同层次的思维形式和方法，有利于对事物进行多层次、多方位的研究，因而灵活地运用立体思维常能像爱因斯坦那样迸发出许多新颖的构想。例如，现代大都市的交通就是立体扩散的产物：地铁在地下飞速行驶，大大减少了地面上人流量；一层又一层的高架道路大幅度提高了汽车的行驶速度，减轻了地面上车流量的压力；行人在人行天桥上各行其道；火车在立交桥下顺利通过等，这一切充分展示了人类的创造性智慧。

在科学研究领域，许多问题的方案是无穷无尽的，只有大胆打开思路，从各种视角入手，将被考察的对象放在更广阔的背景中，海阔天空地联想，努力追求多种答案，才能产生新主意、新发明、新创造。

## 换一种思路，死路成活路

要想获得一项创新成果，往往需要经过对事物的多方面联想。要拓宽联想视野，需要不断调整观察事物的角度，提高观察的深度和准度，同时还需要不断地拓宽知识面。有一种说法：“如果大风刮起来，木桶店就会赚钱。”这两者是怎么联想起来的呢？原来它经历了下面的思维过程：当大风刮起来的时候，砂石就会满天飞舞，这会导致瞎子的增加，盲人琵琶乐师也会增多，越来越多的人会以猫的毛代替琵琶弦，因而猫会减少，结果老鼠的数量就会大大增加。由于老鼠会咬破木桶，所以做木桶的店就会赚钱了。

上面的每段联想都十分合理，而获得的结论却大大出乎人们意料，这就是运用了联想思维的结果。联想是从一种事物的表象推及另一事物的结果的思维过程。两者以某种相似性为中介，为新事物、新观点的形成进行必要的沟通联系。

1944年4月，苏军决定彻底消灭德军，解放克里木半岛。一天，在双方对峙的彼列科普突降大雪，苏军炮兵司令注视着刚走进掩体里的参谋长，见他双肩上的雪花在室内的暖气中开始融化，清晰地勾画出肩章的轮廓。他突然联想到：随着天气转暖，敌军掩体内的积雪也将融化。为了避免泥泞，他们必然要清除掩体内的积雪，从这里可以看出其兵力部署。

于是司令员立即命令对德军阵地进行连续侦察和航空摄像。结果只用了三个多小时，就从敌军前沿阵地积雪出现湿土的变化中，推断出敌人的兵力部署，从而调整了进攻力量，一举突破了敌军防线。

要想获得一项创新成果，往往需要经过对事物的联想。在这一点上联想越多，成功的几率就越大。联想思维是形象思维的一种，并同形象思维一样，都以表象和意象作为最基本的元素和手段。联想思维可以由眼前的某个事物形象想到记忆中的另一个事物形象；也可以由记忆中的某个事物形象想到记忆中的另一个事物形象。思考者既能通过某一事物形象的激发而联想到另外的事物形象，也可以由受到某一抽象概念的激发而联想到另外的事物形象。要联想较多的事物就需要拓宽联想的视野，联想的视野越宽，产生创造性的可能空间就越大。一个人观察事物的角度、方法、条件和这个人的知识面对其联想视野会产生很大的影响。所以要拓宽联想视野，就需要不断调整观察事物的角度，创造出多种条件、利用各种条件、运用各种条件提高观察的深度和准度。

盛大的奥林匹克运动会，到第23届（1984年）似乎到了无法再办下去的境地。但令人惊奇的是这届奥运会不但没有负债，而且还盈利2亿多美元。尤伯罗斯在答记者问时这样解释他的成功：主要归功于1975年他在美国佛罗里达州听了英国专家德·波诺博士关于创造性思考方法的演讲，学到了德·波诺博士传授的水平思考法。

尤伯罗斯清楚地看到奥运会本身所具有的价值，决定把私营企业赞助作为经费的重要来源。他规定，本届奥运会正式赞助商只能有30家，每个行业一家，谁给的赞助多，谁就入选“唯一指定用品”。为争得这仅有的30个赞助席位，商家们都争破了头。结果，30家赞助商共赞助了3.85亿美元。而1980年莫斯科奥运会有381家赞助商，总共获得的赞助仅900万美元。

收入最高的莫过于电视转播权的拍卖。为了得到这一全球瞩目的盛事的美国独家转播权，美国三大电视网展开了激烈的竞争。最后，美国的ABC广播公司以2.25亿美元竞得了电视转播权。奥运会结束后，尤氏给世人提供了一份惊人的账单：承办奥运会共耗费5.1亿美元，盈利2.5亿美元；洛杉矶的旅馆、饭店、商店等服务机构的额外收入高达35亿美元。

尤伯罗斯利用发散思维法充分开源节流，最终取得了成功，被公认为世界奥林匹克运动的一大功臣。联想发散思维的实质就是要不拘一格，提供新思路、新思想、新概念、新办法，所以它是一种极为有效的创新思维方式。联想是无限的，不受时间和空间的限制。人们可以展开想象的翅膀，通过对历史资料的分析展现过去，描写历史事物情景形象，又可凭借无限的想象力认识未来，展现未来事物的形象。联想越超脱、越大胆，就越新颖别致，越富有创新价值。德国著名诗人歌德说：“想象越和理性相结合越高贵。”人的想象既要摆脱和冲破逻辑推理的束缚而展翅高飞，又要借助于严密的逻辑推理，对想象的产物进行审核筛选和加工制作，才能使其最后得以开花结果。

# 将思路转个弯，前方的路大不相同

发挥思维能力后，你会发现现在的产品只要稍作更改，就可以令消费者感觉耳目一新，从这个角度来看，许多善于创新的人不是比较会发明，而是比较会重新组合。组合发散思维方法是指可以通过此事物与彼事物的有机组合，或多种事物间的有机组合，看看是否会产生新的事物、新的功效，这是创新的一条重要途径。

在日常生活中，运用组合扩散法做出发明的例子有很多。例如，美国加利福尼亚州的一位青年人开了家小工厂，将小温度计与汤匙组合，推出了一种名叫温度匙的产品。由于使用这种温度匙能够看出汤匙里液体的温度，因此大受喂养婴儿的母亲们的欢迎。再如日本的一位理发师设计了一种由推剪和小吸尘器两部分组合而成的新型理发工具。经这一组合，剪下来的头发立即就会被吸尘器吸走，因为头发不会乱飞，理发时不用围布也没关系……

在一次盛大的宴会上，中国人拿出了香气袭人的茅台酒，德国人拿出了威士忌，俄国人拿出了伏特加，意大利人拿出了葡萄酒，法国人拿出了香槟。轮到美国人时，只见他将各种酒兑在一起说道："这叫鸡尾酒，它体现了美国人的民族精神——组合就是创造。"

这个小故事向我们说明：几种产品的组合有时能产生奇异的效果，会导致新产品的诞生。这种组合方式就是组合发散法的基本内容。就像贝弗里奇在他的《科学研究的艺术》一书中提道："独创性在于发现两个或两个以上的研究对象或设想之间的联系及相似点，而原来以为这些对象或设想彼此没有关系。"美国阿波罗登月计划，是一项极其浩大的工程，该计划历时10年，耗资250亿美元，参与研究的有120多所大学和2万多家大、中、小型公司以及科研机构，总共投入了45万多名科技人员。然而，阿波罗计划的负责人却直言不讳地说，阿波罗宇宙飞船的技术没有一项是新的突破，都是现有的技术，问题的关键在于能否把它们准确无误地组合在一起。

是的，不善于思考的人很难发现两个毫不相干的事物之间有什么联系或相似点，但你要知道，人的大脑蕴藏着巨大的力量，它有能力克服两个事物之间的差距并将它们联系起来，从而指导你发现某些事物的相同因素或一些内在联系，揭示事物的本质。

橡皮头铅笔是美国人海曼将铅笔与橡皮组合起来发明的。海曼是个穷画家，虽然他非常用功，但技艺不高，又苦于没有名师指点，所以一直没有成名。海曼经常在凌乱的工作室中画素描。有一次，海曼要修改他的素描，好不容易找到了一块橡皮，用完后却发现铅笔也不见了，这使他十分恼火，于是便用丝线将橡皮系在铅笔上，继续作画，这样用起来就方便多了。可是没用几下，橡皮就掉了下来。这样掉了几次后，海曼的牛脾气又上来了，他索性连画也不画了，专门想办法来固定铅笔上的橡皮。最后，海曼终于想出了用薄铁皮将橡皮固定在铅笔尾部的好办法，这就是我们今天仍在使用的带橡皮的铅笔。接着，海曼又将这一小发明申请了专利。著名的RABAR铅笔公司知道了海曼的发明后，十分感兴趣，用55万美元买下了这一专利。海曼也由一个穷画家变成了大富翁。

有一种观点可以给我们有益的启示，这种观点认为，世界上没有创新的事物，只有创新的组合。领带或服装的颜色其实就是那么几种色调，但成功的设计师总是擅长将图案的形状、位置、大小、色调加以变化或重组，实现变化无穷、永无止境的创新。只要发挥你的发散思维能力，你就会发现你现在的产品只要稍作更改，就可以令消费者感觉耳目一新，从这个角度来看，许多善于创新的人不是比较会发明，而是比较会重新组合。

总之，组合扩散法在创新活动中的作用越来越大，有人统计了自1900年以来的480项重大创新成果后发现，20世纪30年代至40年代的创新成果是以突破型为主、组合型为次的；50年代至60年代，两者大体相当；80年代，突破型成果渐趋于次要，而组合型成果则开始占主导。这一情况说明组合扩散法已成为当前创造发明的一个重要方法。这正应了戈登·德莱顿的一句话：“一个想法是旧成分的新组合，没有新的成分，只有新的组合。”

## 问题转换，变不可能为可能

一个高明的新设想的产生，往往是从大量的新设想中综合提炼而来。没有量的积累，就没有质的飞跃。摸索的方向越广、范围越大，最终成功的可能性就越大。发散思维是空间拓展思维。它要求空间上的拓展，即对问题进行多方位、多角度、多层次的思考，也就是突破点、线、面的限制，从多种角度来探索问题。发散思维又是时间延伸思维。对问题要求时间上延伸，即从现在、过去和未来三个时态进行思索，要突破眼前的限制，从历史或未来的角度思索问题。辐射发散的思考方式要求我们在寻求解决问题的答案时，要多方位地思考，像太阳那样由问题点向外做全方位辐射。

不断地提出新设想，是思维发散过程中的一种“链式反应”。这就是说一连串的设想往往会一个比一个质量更高。一个高明的新设想的产生，往往是从大量的新设想中综合提炼而来。因此我们说没有量的积累，就没有质的飞跃。在不断思考和提出众多新设想的过程中，人们头脑中的潜思维会被激发和调动起来，积极配合潜思维进行创造性思考。这对高质量的新设想的产生，有很重要的作用。

爱迪生是世界上公认的有史以来最伟大的发明家，他一生发明之多，世上无人能与之相比。爱迪生发明的秘诀是什么呢？秘诀就是他对科学孜孜不倦的追求精神以及正确运用发散思维的结果。

爱迪生在发明电灯泡时，碰到的难题是用什么材料作灯丝。对这样的难题，既没有什么经验可借鉴，也不可能从书上找到答案，只能是不断地摸索、尝试。为了解决这个问题，他尽可能地利用发散思维，凡是能想到的材料，几乎都被试过了。其中试用过1600余种耐热材料，6000多种植物纤维，甚至连头发丝都试过了，最终找到了比较实用的灯丝材料，延长了电灯泡的使用寿命，使电灯泡具有实用价值。

发散思维把不可能的事变成了可能，使人们对“一切成功都是由思维方式决定的”这一成功规律有了更深刻的认识。很多从常规思维角度去思考认为是办不到或不可能实现的事情，但是从发散思维角度去思考，往往就能办成，这就是发散思维的神奇之处。

著名的创新学研究者何名申在他所著的《创新思维修炼》一书中做过如下论述：如果只有一个设想就没有比较的余地，就难以判断这个设想的优劣，也无从考究是不是一个高质量的设想。解决复杂问题，如果不局限于一个设想，而力图充分扩展思维空间，尽可能提出更多的设想，那么，思考的范围会越来越大，解决问题的触角会越来越多。这对于高质量的新设想的产生，是一种必要的前提和基础。

20世纪，美国在发射载人宇宙飞船时碰到一个技术难题，即如何保证宇宙飞船安全返回地球。宇宙飞船以大约每秒5英里的速度从太空返回时，会与大气层发生剧烈摩擦，这很有可能会让飞船上的大部分材料完全汽化，宇航员当然也无法幸免。当时，美国国家航空航天局认为问题的关键在于找到一个可以抵挡3500摄氏度超高温的材料，这是一种明确的答案预想。为了找到这样一种材料，美国国家航空航天局花了不少钱，但最后还是毫无收获。因为地球上没有一种材料，可以抵挡住3500摄氏度超高温而不被熔化。

当时很多人认为，既然整个地球上都找不到这样的东西，看来这个事情真的办不成了。但是，后来事情有了戏剧性的变化，原来科研人员放弃了找耐超高温材料的单一思路，用陶瓷制造了一种可磨削隔热罩，使宇宙飞船在重返大气层的过程中，让陶瓷制品逐步燃烧。在它汽化时，宇宙飞船后面的那条气带也带走了飞船和宇航员周围的热量。这个最终解决问题的方案与最初的设想完全不同。该方案虽然达不到在超高温下宇宙飞船的某些材料不被汽化的条件，但是它通过飞船材料的局部汽化带走热量的方式，解决了整个飞船和宇航员不陷入高热状态且安全返回的核心问题。

发散思维为发明创造者开辟了一条广阔的道路。它让人们多了一件使成功如愿以偿的有力武器。发明创造没有现成的路可走，有很多发明创造是靠全方位、多角度、多层次思考，才最终找到解决问题的办法的。如果我们囿于一种思路、一种角度，发明创造是根本不可能实现的。

可见，发明创造的过程，就像一个人要在一间大黑屋里找一根针一样，在事先毫无所知而又看不见的情况下，只能向各个方向摸索。摸索的方向越广、范围越大，最终找到针的可能性就越大，发散思维就是这样一个过程。正如美国心理学家吉尔福特所说的那样，“正是在发散思维中，我们看到了创造性思维的最明显的标志”。

# 第08章

## 出奇制胜，创新思维是永不熄灭的生命之光

### 灵感思维让灵感点燃人生的激情

大凡成功者，往往是肯于开辟新路的人。依赖陈旧的思维必然前途渺茫，看不到希望。你要想到别人想不到的新思路，才会给自己带来意想不到的收获。分析那些成功人士的成功之道，你就会发现，大凡成功者，往往是善于创新的人，所以他们才能在变幻的时代风云面前屹立不倒。心理学研究表明，创造性既非与生俱来，也不是少数人所特有的。85%的创造性只需要具有中等或中等以上的智力。美国心理学家戈尔曼认为，影响一个人能否成功的诸多因素中，智力因素仅占20%，而非智力因素要占80%。我国著名教育家陶行知先生说得好："处处是创造之地，天天是创造之时，人人是创造之人。"依赖陈旧的思维会感到前途渺茫，看不到希望，所以你要想到别人想不到的新思路，及时捕捉灵感，必然会给自己带来意想不到的收获。

在中国，有一位橘子罐头厂的技术人员在逛市场时，发现鱼头比鱼

身贵，鸡爪比鸡肉贵。由此，他想到厂里每年都要遗弃大量的橘子皮，是不是可以废物利用，创造新的价值呢？经过广泛的资料搜集，他了解到橘皮中含有丰富的维生素，且橘络中含有大量食物纤维，有理气消滞、增进食欲等功效。经过几个月的技术攻关后，他成功地研制开发出了珍珠陈皮罐头，价格是橘子罐头的10余倍。他自己也因申请专利成功大赚了一笔。

其实，创新思维训练并不像有些人想象得那样高不可攀，其实它普遍存在于我们的日常生活中。比如，科学上的一个新思路或新构想，销售上的一个新点子，乃至日常生活中的一些新的想法等都是创新思维的体现。

而每进行一次创新活动，我们的头脑就进行了一次创新思维训练。但创造性又与知识有着很大的不同，知识可以传授，可以重复和背诵，而创造性只能靠培养。

没有突破就没有创新，没有创新就没有活力，没有活力就没有生命力。所谓突破就是打破旧的传统、习惯、经验等思维定式，使思维创新产生质的飞跃。市场经济的规律告诉我们：只有思路常新才有新出路。成功的喜悦从来都是属于那些思路常新、不落俗套的人们。

曾有记者问过皮尔·卡丹：“您是如何越过那些事业发展中的绊脚石，一步步走向成功的？”他毫无保留地说：“思维创新！然后为之付诸实践，再不断地进行自我怀疑，这就是我成功的秘诀。”的确，从1959年的成衣革命，到皮尔·卡丹在自己制作的服装上印上自己名字的缩写字母，都无不体现着“创新”二字。设计女性时装的成功并没有让皮尔·卡丹就此停止创新的步伐。酷爱钻研、敢于创新的皮尔·卡丹决心要打破女装一统天下的格局。但在当时的法国时装界，有一种沿袭多年的传统看法：真正的服装设计师只能问鼎女装，而设计男装则会被人们指责为离经叛道。对于这一点，已在巴黎时装界闯荡多年的皮尔·卡丹当然不会不知。但是强烈的创新欲望并没有使他的脚步被羁绊，反而促使他更加大胆地向男装领域进发，立志于设计出优秀的系列男装。

1959年，皮尔·卡丹在巴黎举办他的时装展示会。展示的服装既有女装，也有男装。他的这一举动在巴黎时装界掀起了一场轩然大波，业界人士纷纷将矛头对准了他，一时之间，皮尔·卡丹成为众矢之的，在名誉和经济上遭受了双重打击。然而，皮尔·卡丹并没有因为世人的指责和偏见而退缩，他认为，如果女装可以问鼎最高层次，那么男装又有何不可呢？在强烈信念的驱使下，他继续设计男装，并坚持聘请时装模特做表演，并不惜扩大规模。果然，没过多少年，皮尔·卡丹便迎来了男装市场的春天，由他设计的系列男装迅速占领了法国男装市场的半壁江山，并且很快风靡全球。

独具慧眼的皮尔·卡丹正是凭借着一种强烈的创造性思考方式和锐意进取的精神，在一个限制严苛、思想守旧的特殊行业中闯出了一条新的道路。对于职场人士来说，要想在职场中获得成功，就必须敢于标新立异，推陈出新。追求进步可以为成功提供持久的动力，创造性的思考和批判性的思考结合起来，就能创造出色彩斑斓和充满活力的生活。

阿里巴巴的创立者马云曾说自己是一个“三天没有新的想法就难受”的人，他虽然不懂互联网技术，却成为电子商务的领军人物。如果，没有继续前进的动力，优秀和卓越也会离他而去。因此，哪怕我们已经有所成就，也要始终保持一种危机感，不断追求进步，不断有新的作为。

## 灵感不需要成本，本身却很有价值

创新来源于思维，作用于生活，每一个人都可以通过思维的创新来改变自己的命运。我们应在创新的同时重视常规的经验，并且在常规的基础上寻求突破和创新。创新思维是指具有新颖性，能解决某一特定需要或目的的思维过程。创新来源于思维，作用于生活，每一个人都可以通过思维的创新来改变自己的命运。松下幸之助曾经说过：“今日的世界，并不是靠武力统治，而是靠创新支配。”

当代科学家默顿的研究表明：科学研究犹如百米赛跑，往往有许多人朝着同一目标在同一跑道上竞争。例如，牛顿和莱布尼茨在微积分学上，达尔文和华莱士在进化论上，爱因斯坦和彭加勒在相对论上，爱迪生和斯旺在碳丝灯的发明上，他们都曾并肩前进，而最先到达终点取得成功的。他们往往是在前进过程中巧妙地运用创新思维，发挥出更大创新能力的人。只要能跳出传统守旧的观念，将自己思想方式巧妙地变一变，往往就会产生意想不到的效果。

你可能不曾想到，引起笔的革命的并不是笔业商人，而是一位保险行业的普通员工，他叫威迪文。有一次，威迪文蘸水钢笔写不出字，继而又滴漏墨水弄污了合约，待他把新合约准备好以后，顾客已经另择他人了。威迪文十分痛心，他决心潜心研究，研究出一种新的钢笔。经过不懈的努力，他终于成功地造出了世界上首支自来水笔，获得注册专利权的时间是1884年2月12日。

此后，“威迪文”笔大出风头，8年之后不仅品种多了，而且首次在笔上装饰了图案，美感大增。从1904~1914年10年间，威迪文又推出了女士用的“安全笔”和自动吸水笔。在1929~1930年间，“威迪文”在款式、型号上不断创新，首次推出了红色渐变的透明产品。随后又推出了流线型、颜色独特的“百年笔”系列，这种笔有“笔史上最美丽的珍品”的美誉，被收藏家们视若瑰宝。威迪文通过自己的不懈努力，最终成了自来水钢笔业的先驱。

真正有智慧的人重视经验，但不拘泥于经验，他一方面会用惯性的思维方式去处理一些小的简单问题；另一方面他还能随时、主动地突破传统，挑战规则，为创新思维创造一个可以自由伸展的空间。

人生的最高价值在于不断创新，因为创新是推动人类进步和社会发展的基础。不竭的进取心催生创造欲，创造欲作用于现实问题而产生创新能力，创新能力不断促进人类的进步和社会的发展。创新不仅体现了一个人的个人价值，同时也影响到他的社会价值。我们只有不断创新，才能不断发展，才能为自己也为社会创造更多的财富，才能实现人生的最高价值。伟人与普通人实现人生最高价值的差异，就在于各自创新成果的社会效应的大小。

作为一家五金商行的小职员，沃尔伍兹只想当一名称职的员工。当时他们商店积压了一大堆卖不出去的过时产品，这让老板十分烦心。沃尔伍兹看到这些时，产生了一个新的想法，他想，如果把这些东西都标价便宜一些并让大家自行选择，肯定会有好销路。于是他对老板说："我可以帮您卖掉那些东西。"老板听了他的主意后同意了。于是他在店内摆了一张大台子，将那些卖不出去的物品都拿出去，每样都标价10美分，让顾客自己选择喜欢的商品，结果这些东西很快就销售一空。后来他的老板尽可能多找一些物品放在台子上，也都很快销售一空。

沃尔伍兹建议将他的新点子应用在店内的所有商品上，但他的老板害怕此举失败，会给他带来损失，拒绝了他的建议。于是沃尔伍兹用自己的创新想法开始独立创业！他找来了愿意冒险的合伙人，经过努力，他很快就在全国建立起多家销售连锁店，获得了巨额的利润。他的前老板后悔地说："我当初拒绝他的建议时所说的每一个字，都使我失去一个赚到100万美元的机会。"

在通常情况下，人们喜欢按照自己的常规思路做事，往往经历了千万次的试验，还是没有取得成功；而有时取得成功却又似全不费工夫，这种突然而至的东西就往往包含着意想不到的创造性。当你处于"山重水复疑无路"的境况时，建议你不妨打破常规，不按常理出牌。这样，你才有可能很快地找到问题的答案。当然，我们说不按常理出牌并不是让你推翻所有的经验，事实上，经验与创新是相辅相成，缺一不可的。我们不能只要创新不要经验，而应在创新的同时重视常规的经验，并且在常规的基础上寻求突破和创新。艺术大师毕加索曾说过："创造之前必须先破坏。"破坏什么？破坏传统观念和传统规则！

# 科学用脑是引发灵感的妙方

勇于打破常规，再加上自己独特的创新意识，便是一把开启成功大门的钥匙。一切成就与财富都来自创新的意识，你要做的就是充分发挥思考的能力，激活创新的意识。

古往今来，创新意识在科学发明和创造中具有独特的重要地位和作用，可以说它是科学发现的先导和源头，是驱动科学研究力量的支点。纵观科技发展史，是创新意识推动了科技事业的进步，创造了今天我们引以为荣的社会文明。可以说，没有创新意识就没有科学的灵感。

创新意识不是人人都有的，也不是平白无故产生的，它不仅来源于思维上的敏感，更来源于对科学事业的至爱和专注。正如达尔文所说："我能够成为一名科学家，取决于对科学的爱好能够压倒其他的兴趣。"

19世纪的某一天，英国发明家亨利·阿察尔在一家小酒店喝酒的时候，无意中看到一位客人正拿着一整张邮票想剪下一枚贴到信封上寄走。可是，他摸遍了衣服上所有的口袋，发现忘了带剪刀。犹豫片刻，他取下了别在西服领带上的一枚别针，在邮票连接处刺了一行小孔，然后竟很整齐地把邮票撕开了。这一幕给了亨利·阿察尔一个重大的启示。时隔不久，一种新的机械——邮票打孔机在亨利的实验室里制造出来。从此以后，人们可以很方便地用手把每枚邮票分开，原因就在于邮票与邮票之间那些整齐的齿孔。

一个人如果缺乏创新意识，却想做一位出色的成功者，那是相当困难的。好奇心强烈的人，不但对于吸取新知识有强烈的渴望，并且会经常搜寻处理事物的新方法。一个人如果没有了好奇心，就不可能花心思研究新事物，更不用说会有惊人的成就了。

据粗略统计，人类的科技知识，19世纪是每50年增加1倍，20世纪中叶是每10年增加1倍，现在则是每3～5年增加1倍。创新不仅每天都改变着人类的历史，而且每秒钟都为人类凝聚着财富。在英国权威的《福布斯》杂志的年度世界富豪排名榜上，微软公司的比尔·盖茨多次位居榜首。这些成就的取得，凭借的正是他的那颗充满了创新思维的大脑。美国著名的企业家哈默说：“天下没有坏买卖，只有蹩脚的买卖人。”在工作中能够创造多少价值，就看融入多少智慧，在工作中加入创新思维，也许可以产生意想不到的结果。清洁剂工厂的老板迈克经过长期观察，发现使用清洁剂为厨房去污时，顾客所花费的精力不少，但效果却达不到最好。他一直想尝试做一些改进，却始终想不出有什么好的主意。一天，迈克看到妻子使用面膜清洁面部时，忽然灵机一动：传统的清洁产品都是从“洗”的角度去污，为什么不能从防污的角度来保持用具的干净呢？根据这条思路，迈克的工厂研制出了一种新的清洁用具：只需将其均匀地喷在厨房用具表面，5分钟后会自动形成一层透明的薄膜。它可以成功地阻挡灰尘和油污，而当污物积累到一定程度时，只需揭下薄膜，轻轻松松就能达到清洗的效果。这种防污薄膜立刻在“以洗去污”的清洁品市场上一炮打响，大受顾客青睐。

创新的成功，总是包含着创新者强烈的创新意识。要想摆脱传统观念和习惯思维的局限，就要鼓励自己打破思维禁锢，激活创新的意识。独创能力是人的能力中最重要、最宝贵、层次最高的一种能力。人类的文明都是创新的结果，创新就意味着成功，就意味着开创一片新天地。

创意存在于我们每天的吃饭、走路、工作甚至是睡眠之中。从现在起，不要再对身边的事情视若无睹，以你高速运转的灵活头脑和睿智的目光去主动地发现机会、寻找机会，只要我们勇于打破常规，再加上自己独特的创新意识，就一定成功的。

# 任何灵感都源自热爱

常言道：要想成其事，必先成其人。大凡创新型人才都具有鲜明的个性，个性虽不属于智力和思维范畴，但它与一个人的思维的形成有着密切的关系。我们很难想象一个没有事业心、思想保守、胆小怕事、缺乏主见的人，能够在事业上作出创新。英国心理学家特尔曼对1500名超智儿童成长过程进行了系统的追踪调查，把其中800名男性中成就最大的20%和成就最小的20%进行比较，结果发现两者最显著的差别是他们之间个性品质的不同：成就最大的个性品质明显优于成就最小的。

心理学和人才学的研究认为，创新型人才的个性品质主要包括勇敢和冒险的精神、独立性、自信心、顽强的意志和旺盛的求知欲等几个方面。其中，勇敢和冒险的精神是创新个性中最重要的特点。马克思和恩格斯曾经说过，在科学的道路上没有平坦的道路，只有勇敢无畏的攀登者才能达到光辉的顶点。确实，创新是在未知中探索，不可能一帆风顺，经常会遇到各种障碍和众多的困难。因此成功总是属于那些备尝艰辛又异常勇敢的人，只有勇敢和冒险的人才能有创新。

在欧洲的北爱尔兰，有一座名叫阿尔斯塔的城市，该城市的市徽竟是一只血淋淋的手。原来在1015年，有一个名叫奥尼尔的英雄同一个海盗首领争夺北爱尔兰的领土，出发之前，双方约定：谁先用手摸到那儿的土地，谁就将是那块土地的主人。于是，两支船队同时出发，全速前进，快到终点时，奥尼尔的船队稍稍落后。眼看对方的船队将要靠岸，奥尼尔急中生智，突然做出了一个令人瞠目结舌的行为，只见他抽出佩剑，用力砍下了自己的右手，再用左手捡起，将砍下来的右手向岸上扔去。结果奥尼尔的断手比对方先触摸到了北爱尔兰的土地。

奥尼尔凭着自己的勇敢和冒险精神，成了阿尔斯塔的第一位首领。

同样，在科学研究中也需要奥尼尔的这种勇敢和冒险精神。一部科学史表明，没有勇敢和冒险精神，就不可能有科学的发展。作为每个想要成功的人，一方面要通过学习和实践不断增长知识；另一方面还要永远保持冒险精神。自卑自忧、谨小慎微并不是成功者的品质；裹足不前、举棋不定，只能在瞬息万变的社会中被淘汰出局。

其实富人并不见得比普通人聪明，学识也不一定比一般人多。这些富人之所以能成功，是因为他们更具有冒险精神或是敢想敢做的精神。有些人很聪明，对不测因素和风险看得太清楚了，不敢冒一点险，结果聪明反被聪明误，永远只能在平庸中度过。胆商高的人能够把握机会，该出手时就出手。没有敢于承担风险的勇气，任何时候都成不了气候，而大凡成就大事业的人，都是具有超常的胆略和魄力的。

1988年10月27日，秘鲁的一艘潜水艇在公海上被一艘日本商船撞沉。船长及大副等6人死亡，24人逃离险境，还有22人随潜艇沉入海底。当时，大家推举老船员詹特斯为临时船长，让他负责确定逃生办法。时间一分一秒地过去，潜水艇还在继续下沉，有人绝望了。

詹特斯想到了发射鱼雷的方法，他决定冒险一搏——用发射鱼雷的方法，将人一个个地发射出去。然而，这样做实在太危险了，因为人被发射后，要承受巨大的压力，弄不好，会留下终生难以治愈的“沉箱肩”。

这时潜艇已沉入海中33米，不能再犹豫了！詹特斯告诉大家：进入鱼雷发射器前，尽量把体内的空气排净，否则肺会像气球一样在发射中爆炸。结果，这22人中除一人脑出血外，其余均被安全地射到海面，死里逃生。任何领袖人物，他们之所以能够成为顶尖人物，均是由于他们勇于面对风险。敢于冒险求胜，我们就能比想象的做得更多、更好。生命从本质上说就是一种探险，不是主动地迎接风险的挑战，便是被动地等待风险的降临。

冒险是用自己现有的安逸去交换充满未知的将来，但同时这也是一次实现跨越的绝好机会。有限度地承担风险，无非带来两种结果：成功或失败。如果我们获得成功，我们可以达到一个新领域，显然这是一种成长；就算我们失败了，我们也会清楚为什么做错了，学会以后该避免怎么做。适当地培育冒险精神，你才有可能突破自我，脱颖而出，走向卓越。

## 知识和技能是灵感的触发点

一切创新活动都离不开创新思维。要想取得成功，就要学会用与别人不同的思维方式、别人忽略的思维方式来思考问题，也就是说要有一定的创造性。科学的真正意义在于发现，而从方法论来讲，能否发现则在于如何思考。科学发明是一种创造性工作，它的实质则在于创新，离开了创新将一事无成。其实，好奇本身就是一种发现，是一种创新性思维。所以，没有好奇心就没有发现，没有创新。

因循守旧的习惯性思维是永远也产生不了好奇心的。实践证明，古今中外的科学发明，无一不是靠好奇心驱动取得的。好奇心使人们一步步地深入科学探索的实践，使人们一步步地走向科学发明创造的光辉殿堂。

1814年的某一天，在法国的巴黎街头，一群孩子正围着一堆木头玩耍。其中有一个拿着大铁钉在木头的一端敲打着，其余几个孩子把耳朵贴在木头的另一端静听，然后孩子们异口同声地喊道："真有趣！真好听！"这时，勒内·雷奈克大夫刚好经过这里，当他听到孩子们欣喜的叫喊声时，也被吸引到木堆旁。雷奈克把耳朵贴在木头一端，他听到从木头的另一端发出的敲击声清晰地传入耳内，当耳朵离开了木头，声音也就随之变弱了。走在回家的路上，他回想着刚才看到的这一幕，陷入了深深的思考。假如有一种像用木头传音的方法来探听心脏跳动情况的机器，一定非常具有实际应用价值。在孩子们木头传音的启发下，雷奈克试着用一根木管来听病人心跳和呼吸的声音，收到了非常好的效果——世界上第一个听诊器从此诞生了。

爱因斯坦曾说过：“人是靠大脑解决一切问题的。”创新思维是人们进行创新活动的基础和前提，一切需要创新的活动都离不开思考，离不开创新思维。

1997年诺贝尔物理学奖获得者朱棣文在总结成功经验时说：“科学的最高目标是要不断发现新的东西。因此，要想在科学上取得成功，最重要的一点就是要学会用与别人不同的思维方式、别人忽略的思维方式来思考问题，也就是说要有一定的创造性。”

古希腊哲学家赫拉克利特说过一句流传千古的名言：人不能两次踏进同一条河中。同样，世上也没有能够解决所有问题的妙法。一种思维方法，用在某处可能是绝顶的聪明，而用在另一处就可能是莫大的愚蠢。尤其是创新思维，它的创新本性决定了它的“试探”和“摸索”的特征，这就更不可能总结出一套可以让人简单套用的固定不变的办法来。

物理学家甲、工程学家乙和画家丙三个人比谁的智商高。他们互不服气，最后决定通过一场比赛来评判三人的智力水平。裁判把他们领到一座宝塔下，并给他们每人一只气压表，让他们依靠气压表得到这座宝塔的高度。原则是：只要达到目的，什么方法都可以，但创造性最强的为胜。

甲不慌不忙地上到塔顶，探出身来，看着手表的秒针，轻轻松手让气压表自由落下，准确记录了气压表落到地面所需的时间，再根据自由落体公式，算出了塔的高度。

乙很快站出来，在塔底测量了大气气压，又登上塔顶测量了一次气压，得到塔底和塔顶气压的差值，再根据每升高1厘米气压下降1毫米汞柱的公式，计算出塔的高度。

最后轮到丙，他很镇定。没有科学知识是劣势，但没有思维定式则是优势，这就为他提供了更大的选择空间。丙想，没有正路走就走偏路，反正能达到目的就是胜利。他发挥想象力，对各种可能的方法搜寻了一番，禁不住笑了起来，因为办法太简单了：他将气压表送给看守宝塔的人，作为交换条件，让守塔人到储藏间把塔的设计图找出来。就这样，丙得到了图纸，拂去设计图上的灰尘，很快得到了塔的精确高度。比赛的结果可想而知，自然是画家丙获得了最后的胜利。

画家虽然没有物理学方面的知识，也没有工程学方面的知识，但他却能在看似无计可施的情况下，撇开原有的想法，将目光投向图纸，这就是一种发现、一种创新思维，他找到了塔高的精确答案。可以说创新思维是一切创新活动的开始。几乎所有智力正常的人都有创新思维，只是大部分人的创新思维在未觉醒状态，所以需要唤醒，也就是创新思维训练。

所谓创新思维训练，其实就是创新思维的开发和引导。在进行创新思维教育时，只要不拘泥于创新规则，多学多练，持之以恒地结合工作与生活中的实际问题加以体会、应用，肯定会有所收获。这已为创新思维训练在世界各国的成功经验所证实。

## 让灵感变成行动，能拥有更多机会

思维定式有利也有弊，而一个人创新能力的强弱，关键就在于他能否突破思维定式，想别人所未想、求别人所未求、做别人所未做的事情。人的思维方式常常受制于既有的知识和经验的局限，你怎么想问题和做事情是很难从既有的知识和经验中跳出来的，这就是法国心理学家缪勒发现的思维定式。他提出，在人的意识中曾出现过的观念，有不断重复出现的趋势。这正应了生物学家贝尔纳的一句话：“妨碍人们学习的最大障碍，并不是未知的东西，而是已知的东西。”

贝弗里奇在《科学研究的艺术》一书中，对此也进行了深刻而中肯的论述：“几乎在所有的问题上，人脑有根据自己的经验、知识和偏见，而不是根据目前的佐证去作判断的强烈倾向。因此，人们是根据当时的看法来判断新设想。”对我们来说，思维定式有利有弊。它就像一副有色近视眼镜，戴上它，看到的是变了色的世界；可取下它，眼睛无法看清外界事物。一个人创新能力的强弱，关键就在于他能否突破思维定式，想别人所未想、求别人所未求、做别人所未做的事情。

日本有一家生产味精的工厂，销售量一直徘徊不前，厂里的职工为打开销路，也费尽心机想了不少办法，但效果都不明显。后来，一位家庭主妇向他们提了一条建议，厂方采纳后，不费吹灰之力便使产品的销售量提高了近1/4。

那位主妇的建议就是：在味精瓶的内盖上多钻一个孔！ 这样处理后，由于一般顾客在放味精时并没有精确的度量，只是大致地甩两三下。4个孔是这样甩，5个孔时也是这样甩，结果就在不知不觉中多甩出了近25%的味精。

在内盖上多钻一个孔，不需要渊博的知识，也不需要增加许多投资，可为什么其他人想不到，没有人提出来？这显然是因为长久以来，味精内盖上的孔都是4个的，久而久之便在人们的头脑中形成了一种思维定式。时间越长，这种思维定式的束缚力越强，摆脱它的束缚的难度也就越大。这位家庭主妇的可贵之处就在于她突破了这种思维定式的束缚。我们处理日常事务和一般性问题时，思维定式对我们有很多好处，然而，在需要创新时，思维定式不仅无能为力，有时还会起反作用。这就好比花盆为花的生长提供了许多优越的条件，能种出美丽的花来，但“花盆难栽万年松”，松柏必须突破花盆的限制，才能茁壮成长。因此，要善于主动摆脱原有的思维模式，将思路指向新的领域和新的客体。新的发现、新的创造，常常也是在突破思维定式后作出的。在当今市场经济中，随着竞争的越来越激烈，突破思维定式作为一种创新的方法，同样也有着越来越重要的运用价值。

我国政府于1998年4月公开向全世界征集国家大剧院的设计方案。其设计要求为：一看就是个剧院；一看就是个中国的剧院；一看就是北京天安门广场旁边的剧院。在限定时间内共收到69个方案，国内32个，国外37个。经过多次评选和论证，最后法国设计师安德鲁的方案被选中。2000年6月10日，中国科学院和中国工程院两院49位院士署名的《建议重新审议国家大剧院建设问题》上书中央，主要的意见是：安德鲁的方案不符合原始设计要求的三条标准，与北京的建筑风格不谐调，远看简直就像半个蛋壳。当然，也有更多的院士和建筑专家赞同安德鲁的方案。安德鲁接受媒体采访时说："我也曾按照当初对设计方案的要求来设计的，但是仿佛思维在原地打转牢牢地被禁锢了，设计出来的东西很不成功。后来我明白了，思路要打开，不能受字面限制。这样，一下便海阔天空，所有的问题就有了新的思考和解释。例如，什么是中国建筑传统？传统是静态的吗？为什么故宫的传统风格与人民大会堂的风格不一样？可见，传统是动态的，传统是发展的，传统是一个过程。一个民族最伟大的传统绝不是复制和模仿，它应该是永无止境的创新。"经过近1年的慎重研究，2001年12月13日国家大剧院业主委员会宣布，经过4年的周密准备，国家大剧院正式开工，仍采用法国设计师安德鲁的方案。

值得我们进一步思考的是，安德鲁取胜的关键究竟是什么？我们不能不认为是一种观念和意志的力量，是一种凌驾于技术之上的原创精神，其核心就是突破传统。

因此，一定要打破传统的思维定式，跳出思维模型所造成的定式状态，去获得常规之外的东西。遇到问题时，一定要努力思考：在常规之外，是否还存在别的方法？是否还有别的解决问题的途径？只有这样，才能抛弃旧的思维条框，让思维变得更加灵活多样、敏捷准确，从而增强自己的创新能力。

## 日积月累，灵感不是一天产生的

面对日趋激烈的竞争，想要取得事业上的成功，非常重要的一点就是要有创新精神和创新思考的能力。回顾一下历史，我们不难发现：人类从走出原始的洞穴到住进豪华的别墅，从脱下遮羞的树叶到穿上华丽的盛装，从钻木取火、茹毛饮血到使用现代化的各种科学技术，没有一项能离得开创新。创新活动带动了科学技术的飞速发展和社会生产力的巨大飞跃，并于20世纪40年代，将人类带入了新技术革命时代。

不要拘泥于常理和传统规则，敢于别出心裁，从不同的角度去思考，锐意创新才是出路。办法是人想出来的，条件是人创造出来的。成功者的成功因素之一，是善于想办法创造条件，使事业永远走在成功的路上。

关于冰箱的创新，日本三菱公司也曾有所尝试。在1998年之前的几年中，冰箱在日本市场上严重滞销，零售价以每年5%的幅度下跌，各个厂家叫苦不迭。然而，从1998年2月到1999年2月的这一年里，冰箱的销售量比上年同期增长了6.1%，这个可观的涨幅到底是怎么来的呢？答案就在于三菱公司的创新思维。当时，独具慧眼的三菱公司发现，-18℃的冷冻室会把肉食冻得很硬，食用时很不方便，而0℃左右的冷藏室无法冻肉，两者都有缺陷。于是，他们折中了两者的优缺点，增加了-7℃的冷冻室。新产品一经推出，顾客的反应非常好。

创新求变不是生搬硬套，更不是不切实际地闭门造车，而是在模仿中找到结合点，在结合中创新，以创新抢占市场。可以说成功者念通了模仿中创新的生意经。小创新孕育着大商机，面对日趋激烈的竞争，一个国家想要提升自己的综合国力，一个民族想要屹立于世界先进民族之林，一个企业想要立于不败之地，一个有志之士想要取得事业上的成功，非常重要的一点就是要有创新精神和创新思考的能力。

瑞士手表曾称霸天下，但随着科学技术的发展，到了20世纪70年代中期，激烈的市场竞争使瑞士的手表厂有50%被迫关闭。瑞士的制表业还会出现奇迹吗？许多人为此忧心忡忡。这时，几家大银行的代理人联袂造访了瑞士比尔市的一家商业咨询公司，想请该公司的一位奇人——尼古拉斯·海克帮忙想办法，以挽救江河日下的瑞士制表业。

尼古拉斯·海克以总能创造奇迹而闻名。当他得知制表业的情况后，首先是经过精心筹划，通过银行买下了两家濒临倒闭的制表集团，并因此而得到了瑞士制表业1/3的控制权。

其次是在手表的“异”字上做文章。海克通过对接管的两家手表公司产品的调查，发现有一个工程师设计的手表与众不同。海克从中看到了潜在的市场，立刻请意大利著名的设计师精心设计了手表的外形款式，这样，一种名叫“斯瓦奇”的手表问世了。这种表的表身均由五颜六色的塑料制成，其款式怪异，有的表表底出人意料地浮现出一条彩绘小蛇，有的则是一幅毕加索的抽象画，有的整块表是一只小巧玲珑的红辣椒形象……这些表在怪异中表现了现代人十足的个性，给人以一种标新立异之感。有时，为了纪念某个历史事件或商业促销活动，公司还生产数量不多的特制表，深受人们的青睐，斯瓦奇表被人们称为“戴在手腕上的艺术珍品”。

斯瓦奇表自上市后，立即成了抢手货。由于价格低廉，又成为投机商炒卖的对象。至此，斯瓦奇表成了世界最畅销的手表。海克公司借其东风，使其他牌子的手表也销路大开，从而为瑞士的制表业打了个漂亮的翻身仗。

瑞士手表业的再一次成功再次证明了“凡事不进则退，不创则衰”的道理。从这件事上，我们更清楚地看到，成功与失败，有时只在一个小小的条件上。瑞士手表业能够东山再起，只是多了一个条件——“新”：由于海克的标新立异，斯瓦奇手表不仅具有实用性，而且具有艺术性，成为“戴在手腕上的艺术珍品”。正是多了这一条件，瑞士表才重登世界霸主宝座。

要想有一个好的创意看似很难，实则也并非高不可攀。生活中处处充满着机会，处处都有可以挖掘的宝藏，只要你有一双善于发现的眼睛和一颗善于思索的头脑，那么在生活的各个角落，你都可以收获创新所带来的丰硕成果。

# 第09章

# 厚积薄发，积累经验提升思维的高度

## 创新思维在创新中让人生的列车不断提速

每个人的一生都是由幼稚走向成熟的一生，但是要说成熟，每个人的定位又会不同。那么成熟就需要一个最基本的衡量标准，那就是我们要明白自己到底在做什么。人要有计划地生活，为自己制订一个目标，然后为了那个目标不断地努力。孩童时期的我们可以随意哭闹，不管说什么都没有人会去在意。但是随着我们年龄的慢慢增长，我们不得不摆脱我们幼稚的思想慢慢地走向成熟，慢慢地提升自己的内在，让自己有个成熟的心态。

世界成功学之父卡耐基有一个重要的理论：你的生活是由你的心态造成的，你有什么样的心态就有怎么样的生活，你有什么样的选择就有什么样的结果。要想获得生活和事业的成功，首先要调整、完善、升华自己的心态。所谓心态，指的是一个人在思想观念支配下，为人处世态度和心理状态的总和，是一个人内在和外在东西的和谐统一。

判断一个人的心态成熟与否，就要看这个人心态是否积极，对生活有怎样的见解，对未来有怎样的计划。

小军和朋友在一起的时候总喜欢不断地夸耀自己有这个有那个，朋友向他倾诉心事的时候他总是心不在焉，每次都是沉浸在自我的世界里，不太在乎别人的感受。第一次朋友还可以忍受，但这样的次数多了，小军的朋友们就不太喜欢找小军聊天了。

但小军从来都不认为朋友们不太喜欢和他来往是自己的错，相反，小军还觉得自己很郁闷，总觉得是朋友们对不起自己，从来不在自己的身上找原因。

一次，小军和朋友们一起举办了一个聚餐的活动，但是在准备的过程中，小军总是很武断地就否定了朋友的意见，自己想到什么就做什么，面对朋友的劝阻小军还觉得是朋友嫉妒自己，结果等到聚会开始的时候还有很多事情都没有准备完毕，有好多处的纰漏，最终还是他的朋友们一起商量对策，这次聚会才算勉强结束了。结果小军非但没检讨自己的错误，还觉得朋友们看不起他，孤立他。

朋友们对小军的表现都很失望，在出现问题的时候他非但不想着解决，反而把所有的错误都推到他们的身上。久而久之，小军的身边就没有什么朋友了。

这个案例中的主人公小军在生活中有着很不成熟的各种表现，例如：做事情不考虑后果，武断行事，做事不善后，不肯出面负责；陶醉在自己的内心的世界，不愿与其他人交流，习惯性地忽视身边的人；把自己的错误往别人身上推，老想着为自己开脱。

每个年龄段该有每个年龄段的思想。我们知道小军的这些表现都很幼稚，因为他成长到了一定年岁就要有那个年龄段该有的思想，但是他还是一味地沉浸在自己狭小的世界里，说明他的心态还是很消极很幼稚。要知道自己在做什么并勇于承担。我们说一个人成熟的最基本的标志就是知道自己在做什么，知道自己能做什么，还要学会自己承担一些什么。小军做事不负责任，这是他幼稚的表现之一，因为他只喜欢沉浸在自己的世界里，在自己主观臆想的世界里生活。对于生活没有一个积极的心态，不太认真地去思考生活的意义。

小军其实是很多人现实生活的缩影，因为思想不够成熟，所以总是有很多幼稚的表现，一个人生活在这个世界上虽然不是为了别人，但是别人对自己的看法还是相当重要的，所以我们也要参与到外部的世界中去，不断地充实自己，让自己的生活变得更加精彩，让自己累积更多的生活经验。

我们说一个人成熟是因为他对生活有独到的见解，对自己有很充分的了解，懂得如何去生活，还有他的内在总是强大的。因为他懂得如何充实自己，如何提高自己思想的深度，而不是只知皮毛就到处炫耀。生活总是瞬息万变的，我们要想抓住生活的规律，就要积极地参与到生活中去，而不是一味地把自己装在自己制作的壳里，要学着接纳别人的意见，也要懂得倾听。要在生活中慢慢积累经验，用知识和实践武装自己的头脑，让自己内心的积淀愈加深厚。

一个人想要成功，就要摆脱所有幼稚的想法和心态，让自己变得成熟起来，不断地累积生活中的经验，用不同的思维方法考虑生活，在生活中不断地成长，不断地让自己的思维变得愈加的成熟，因为只有成熟的心态才能聚集思维的力量。只要我们不断地累积经验并提升自己的思维的高度，生活就会给我们意外的惊喜。

## 用创新思维实现突破

每个人的生活都是智慧思维的结晶，不管是谁，都要为了自己的生活而奔波，只是每个人的思维不一样，所以得到的生活的回报也不一样。时间在不断地流逝，我们也在奔跑中慢慢地变得成熟，变得睿智，变得更加了解自己的内心，更加了解自己的生活。时间总是带走我们年少时的浮华，在我们的心中留下沉稳睿智的痕迹。这些沉稳与睿智可以提升我们的智慧，但我们要获得这些智慧就要认真地对待生活，在每天不同的生活中汲取经验。

小图是职场新人，身为新人，小图总免不了被大家忽视。刚开始时小图觉得很委屈，因为小图在学校的时候就是其他同学的主心骨，其他人有什么不懂的问题总是会找小图来帮他们解决，正是因为那些人的需要让小图觉得自己的存在是必要的。但是上班了之后，小图才发现“人外有人，天外有天”。自己在学校的时候是优秀的，但是在职场上总是显得十分的青涩，对很多东西不能很熟练地掌握和运用，小图开始怀疑自己的能力，心里总是觉得无比的恐慌与紧张。

后来有个同事看到小图的状态后找他长谈了一次。小图告诉同事，自己没有任何的经验，做事情的时候总是找不到窍门，看着别人做又觉得十分的焦急。但是他的焦急也无济于事，看着别人驾轻就熟，自己却笨手笨脚完全不知道从哪里开始下手，这让他很苦恼。小图说完后同事的一番话彻底让小图醒了过来。

同事说：“你别看大家现在都很有自信的样子，其实每个人都是从菜鸟过来的，每个人都遇到过和你一样的情况，也碰到过和你这样的难题。我们也都彷徨过，自卑过，但是我们不能一味地迷茫下去对吧？正是因为当初我们没有经验我们才更要努力地积累工作经验，用比别人更加睿智的思维去思考生活。我们每天积累一点点的经验就会对工作和生活多一点点的认识，而我们对于工作和生活的思考就会多一点点的成熟。等到你的经验累积到一定的程度，你自然就会成为一个发光体。”

后来小图每天积累一点点的经验，就会对生活有一点点全新的认识，随着时间的推移，小图终于获得了同事的认可。

我们中的有些人也像小图那样迷茫过，不懂生活，不懂如何在生活中汲取对自己有用的经验让自己变得更加的成熟更加的睿智。所以我们从现在开始就要知道：在生活、工作和学习中缺少经验并不可怕，经验是可以慢慢积累的。我们可以看到小图是个优秀的人，他唯独缺少的就是职场经验。但不是每个人生来就拥有职场经验的，经验还是需要在工作中慢慢地累积。每当我们的经验的积累到一定的阶段，我们对于生活就能有一个新的认识，我们对于生活的思考就会更加的深刻，我们的思维就会上升一定的高度。所以说，睿智的思维会伴随着经验的提升而递增。

在积累经验的同时让自己成为生活的智者，厚积薄发，提升自己的思维高度。小图的同事是生活的智者，他知道怎样去思考生活，不会停留在自己最辉煌的时候，也不会在自己最苦难的时候摔倒再也不起身，相反的，他知道自己缺少什么就让自己努力地汲取什么。不会太迫切地想要别人注意到自己，而是不断地充实自己，不断地让自己变得愈发的成熟，愈发的睿智。这样做不仅让自己得到了充实，提升了自己思维的高度，更是让别人注意到了自己。

思维高度的提升少不了我们在生活、工作和学习中的积累。小图听取同事的话并对自己做出了调整。他在慢慢累积经验的同时，渐渐地明白了生活中的智慧，他思考问题的时候思维也提升了一定的高度。

有人会计算我们会在这个世界上生活多少年、多少月、多少日，甚至是多少小时、多少分钟、多少秒。秒，是一个多么微小的时间概念，但偏偏就是这个秒，组成了我们生命的长度，我们想要堆积生命的厚度也离不开那看似毫不起眼的一秒钟。所以我们也要像时间一样，不断地累积自己，直到自己也在别人的眼里变得举足轻重。所以，想要读懂生活我们急切不得，我们得先不断地充实自己，不断地让自己的思维提升到更高的高度，不断地让自己变得越来越睿智。那么我们的眼前将一片光明。

## 成就与财富来自创新意识

有句话说：说起来容易，做起来难。理论总是有比实践更加诱惑人的力量。人不是生来就喜欢向困难挑战，所以在困难和问题面前，理论总是要占绝大部分的优势。但生活不是只要会谈理论就可以继续的东西，在实际生活中积累的经验总要比从书本上搬来的强得多。有些人总是习惯把理论当做教条，视书本为圣经，在生活中碰到挫折之后只会一味地躲在书本教条后面，不懂得如何检讨自己。这样的话，这些人永远没办法真正领悟生活的真谛。

很多人喜欢一遇到事情就求助书本中的各种教条，总是不愿意自己去面对。有时候借鉴经验是好事，因为可以不用自己钻牛角尖，但是也要选择性地去借鉴，因为那些经验有的时候恰恰会是生活中最致命的武器。因为我们的教条主义往往会掩盖我们对于生活真正的认识。如何才能读懂生活，就要看我们能在平时的生活中学到什么，然后把学到的一点一点地累积起来，生活每天、每时、每分、每秒都是新鲜的，我们无法预测下一步的时候就要好好地在实际的生活与工作中武装自己的思想。

赵括从小就学习兵法，评论兵事，以为天下没有比得上他的人。连他的父亲赵奢都难不倒他，但是赵奢并没有赞美赵括。赵括的母亲问赵奢此中的原因，赵奢说："打仗，是存亡攸关的事情，赵括对它的谈论太草率。赵王不让他当将军倒也罢了，如果赵王要让他当将军的话，使赵军失败的人肯定是赵括。"

后来，赵括被任命为将军，他母亲上书给赵王说："赵括不可以做将军。"赵王说："为什么？"他母亲回答说："当初我侍奉他父亲，那时他是将军，由他亲自捧着饮食侍候吃喝的人数以十计，被他当做朋友看待的数以百计，大王和王族们赏赐的东西全都分给军吏和僚属，接受命令的那天起，就不再过问家事。现在赵括一下子做了将军，就面向东接受朝见，军吏没有一个敢抬头看他的，大王赏赐的金帛都带回家收藏起来，还天天访查便宜合适的田地房产，可买的就买下来。大王认为他哪里像他父亲？父子二人的心地不同，希望大王不要派他领兵。"赵王说："您就把这事放下别管了，我已经决定了。"赵括的母亲接着说："您一定要派他领兵，如果他有不称职的情况，我能不受株连吗？”赵王答应了。

赵括代替了廉颇以后，全部改变了原有的规章制度，草率地任用军官。秦国的将军白起听说以后，调遣变化莫测的部队，假冒打败退却，而断绝赵军的粮道，把赵军一分为二。赵军士气不振，被困四十多天，赵括亲自指挥精兵搏战，结果被秦军用箭射死。赵括的部队大败，数十万赵军被俘，秦国将他们全部活埋了。

这是赵括纸上谈兵最终被秦国坑杀十万赵军的故事。故事大家都很熟悉，但是其中的道理我们未必都能明白。

没有实际经验的理论是空白的纸张。赵括从小就学习兵法，所以并不能说赵括是个无知的人。只是他从来没有行军打仗，自然不太熟悉真正的战争是怎样的一种状况。他在与赵奢谈论军事时赵奢不敌，这更让赵括认不清楚自己实际的能力。赵括的这种心态本身就是错误的，他不了解战争更不了解生活，最终因他对兵法的生搬硬套和鲁莽大意白白损失性命与军队。

实际经验是取得成功的重要砝码。赵括只是读过几年的兵书，对于行军打仗并无实际经验，他的旁边也没有一个可以助他之人。赵括代替了廉颇以后，全部改变了原有的规章制度，草率地任用军官。战场上的形式总是变幻莫测的，在那样一瞬万变的氛围下，除了要熟知兵法之外，平时打仗积累的经验就显得至关重要。没有实战经验以及过度自负是赵括失败的第二个原因。

要有成熟的心态和思想。赵括的思维过于单纯幼稚，白起只是略施小计，赵括就完全上钩，蒙在鼓里什么都不知道。而且赵括从未参加过实战，第一次带兵就出任将军，这样的安排本身也欠妥当。

所以，从赵括纸上谈兵的故事可以看出，平时多多参与实战是很有必要的，摆脱书本和教条的束缚，在实践中积累的经验很重要。而且我们发现问题之后要马上联系实际情况来解决，而不是盲目地相信书本上的理论，因为实践是检验真理的唯一标准。且做事不能操之过急，要先慢慢地充实自己，不断地积累对自己有用的经验。厚积薄发，慢慢提高自己思考的能力，提升自己思维的高度。

## 勇敢和冒险精神是创新的标志

人生是一场没有回程的旅行，前方等待着我们的一切都是未知的。人生这场旅行的主导是我们自己，在旅行的过程中我们会感觉到黑暗、痛苦和孤独。这些黑暗只能靠我们自己穿越，这些痛苦只能靠自己体验，这些孤独也只有自己品尝。但是只要我们穿过黑暗，就一定能感受到阳光的温度；走出痛苦，我们一定能企及成长的高度；告别孤独，我们也一定能收获灵魂的深度。为了加深我们思想的深度和提高思维的高度，我们就要学会在生活中不断地历练自己。人生在世数十载，总会遇到各种各样的挫折和苦难，没有一个人的一生会一帆风顺，每个人都会在生活中跌倒，重要的是他还会不会站起来。

曲折和弯路是常态，是人生的另一条途径。当我们遇到坎坷、挫折时，不悲观失望，不长吁短叹，不停滞不前，把走弯路看成是前行的另一种形式、另一条途径。把走弯路看成是一种常态，怀着平常心去看待前进中遇到的坎坷和挫折，这将助我们更好地走出自己的精彩人生。

赵晙是一名大专生，学的是软件专业。他总觉得这样下去是不行的，人活着就要有目标，需要有追求，所以平时赵晙在学习之余还上网查阅了许多资料，报名了全日制的N1保过班，希望在学习之后能留学日本，学习世界尖端的软件技术，同时也能在异国的生活中锻炼自己。

赵晙在学习的过程中认识了很多不错的老师和同学，他们在一起生活，一起学习日语。他最初不太适应在那里的生活，但是在老师和同学们的帮助下，赵晙慢慢地适应了那里的生活，也开始慢慢地熟悉了一些日常的日语对话。赵畯通过自己的努力让自己的留学之路离自己越来越近。

赵畯也是我们普通大众中的一员，但是他敢为自己的目标去拼搏，敢不断地历练自己，他用他的行动告诉我们：做个有目标且敢为自己的目标付出努力的人。赵畯是个有目标的人，他知道自己最想要的是什么，也愿意为此付出自己的努力。所以他为了自己的目标不断地充实自己，希望能在自己喜欢的道路上越走越远。每多一次的历练，对生活就会多一点的了解，每对生活多一点的了解，我们的思维就会上升一定的高度，我们的思维实力就会提升。

要敢于走出未知的一步向未知的未来发出挑战。不是任何人都敢走出那未知的一步，不是每个人都敢接受那份生活的历练。想要接受历练就要有一定的勇气，要有这份勇气就需要我们有一个成熟的心态、一份完善的计划。在此基础上，不断为此努力。

对生活中可能会出现的挫折做充分的准备。要想实现自己心中所想的，就要时刻准备好接受生活的历练，只有经过历练的人生才是丰富和精彩的。只要我们经过历练，不管未来的人生出现怎样的挫折都能平静地面对。只要我们一直积极的充实自己，我们就能提升自己思维的高度，让自己观察生活的视角与众不同。

在人生的长河中，我们不能奢望永远都风平浪静。人生有时会波涛汹涌，有时会平静无声。生活总是喜忧参半，有苦涩也有甜蜜。生活又是很公平的，它不会因某种原因而去怜悯任何人，也不会因为某种原因去抛弃任何人。当你承受了种种苦难之后，也许会陷入无助和挣扎的境地，但是挫折虽残酷，却能激发一颗颗沉睡的心灵，披荆斩棘，冲破重重阻力朝着太阳的方向奋发努力，这些苦难会让我们的思想有质的转变。

确实，我们的这一生要经受太多的惆怅和沧桑，但是要始终坚信，希望就在不远处等着你呢。不经历风雨，怎么见彩虹，没有人可以随随便便就取得成功的。多一次历练就多一次经验，多一次的经验我们就多一份面对问题时的沉着，多一份沉着我们就多一份睿智，多一份睿智我们就多一份成熟，多一份成熟就多一份成功的可能。所以我们要学会历练自己，不断提升自己的思维能力，让自己变得更加成熟，更加睿智。

# 第10章

## 前瞻意识，捷足先登的超前思维

### 逆向思维—既然山不能过来，我们就过去

一个人的智慧水平与他的经历是有直接关系的，同时，一个人的见识又直接影响其做事的方法和门道。世界是光怪陆离的，社会是纷繁复杂的，一个人要想在社会上做自己的事业，取得成功，就必须有独到的眼光，而眼光之高远必须基于见识之不凡。

俗话说“远见卓识”“站得高，看得远”。这都充分说明了见识的重要性，也说明一个人的成功与其见识的高低是分不开的。

“月晕而风，础润而雨。”任何问题的发生，祸福的降临，总会有预兆。见识高的人总是能透过现象看到本质，通过问题的蛛丝马迹看到问题的全貌，从问题的苗头看到问题的发展趋势。而见识低、看问题浅薄的人，只能停留在表面现象上，被问题的表象所蒙蔽。所以，世人都说：经得多，才能见得广。也就是说，一个人的思想水平和智慧水平与他的经历是有直接关系的，同时，一个人的见识又直接影响其做事的方

法和门道。船王包玉刚进入船运业的时间是1955年，当时他用20多万元买了一条风吹浪打28年的旧船——“金安号”。这一惊人之举遭到了几乎所有亲友的强烈反对，因为船运业不仅需要庞大的资金，而且风险极大。但是，包玉刚力排众议，毅然投身船运业。因为，他看到了在香港经营船运的巨大潜力。

香港有天然的深水泊位和充足的码头，平静的海面为国际贸易提供了可靠的基础。第二次世界大战之后，世界经济复苏，各地的贸易往来增多。“船运是最廉价的一种运输方式，必将大有作为。”包玉刚坚定地认为。

正是这种高瞻远瞩的见识让包玉刚获得了巨大的成功。到了1978年，经过20多年的苦心经营，包玉刚已拥有50多条船、2000万吨运输能力的庞大船队，荣登世界船王宝座。但就在他登峰造极之时，包玉刚又做出了令全球惊讶的决定：减船登陆！因为他又以极其敏锐的眼光，预见到世界性的船运衰退即将到来。于是，他当机立断，及时卖掉了相当部分的船只，这使他顺利地逃过了后来船运大萧条的灾难。

实行“减船登陆”战略大转移的这一仗，堪称世界商战史上的经典之作。他以超人的眼光，斥资23亿元之巨，导演了精彩绝伦的九龙仓收购战，拉开了在港华人中资挑战英资的历史序幕。包玉刚的这场收购战，在中华商界广为传颂，可谓经典。

商家的眼光首先是要准，也就是要在茫茫商海中准确发现既适合自己去做，又能够给自己带来利益的项目；第二是要远，也就是不能总盯着一门一行，不能把眼睛放在眼前利益之上，而是要在变幻莫测中看准大方向，心中有“定盘星”，这样，经营才能一步步走向成功。

被誉为“经营之神”“塑胶大王”的王永庆是20世纪台湾私营企业的佼佼者，是著名的石化工业界的“霸主”，他对时代趋势的把握十分准确。1986年，台塑集团总营业额已达到新台币14亿元。王永庆领导的台塑发展到今天石化工业霸主的地位，没有相当的远见是不可想象的。一些企业在不景气的时候都以压缩投资、减少生产来摆脱困境，而王永庆却有超人的气魄，与众不同的见解。他说：“经济不景气的时候，可能也是企业投资与扩展计划的适当时机。”在台塑建成初期，生产的PVC塑胶粉卖不动，主要原因是客户对台塑产品的质量不了解，所以造成产品积压。而王永庆却以过人的胆识和远大的经营策略，不仅不退缩，反而扩大生产能力，日产量由原来的100吨增加到200吨，实现了规模生产，使生产成本大大降低，销售价格也随之下降。这一来，产品不仅没有积压，反而销量大增而且很受欢迎。

1980年，美国石化工业普遍陷入低谷，许多石化厂因此关闭停产。而王永庆这时却偏偏到美国投资建石化厂，同时还买下两个石化厂、几个PVC加工厂。王永庆这一招确实又得到了丰厚的回报，令他的同行们羡慕不已。

机遇对于每个人都是平等的，就看你能不能抓住它。王永庆不但见识高远，而且具有敢为人先的勇气和魄力。他善于审时度势，敏锐地把握市场机遇，敢于决策，善于决策，因此取得了辉煌的成就。

不登高山，不知山之雄伟；不临沧海，不知海之博大。越是情况纷繁复杂，越能显现出一个人见识的高低来。见识低的人，在纷繁复杂的情况下，会搞得焦头烂额，手足无措；而见识高的人，对复杂的情况游刃有余，应对自如，而且能从中看到潜在的机遇，迎来成功的曙光。

## 超越常规的发展离不开逆向思维

行动来自于理念的导向，未来有赖于眼光的指引。在风云变幻之际，只有敏锐地透视未来，准确地预测走势，果敢地面对风险，才能先人一步取得成功。超前思维是人类特有的思维形式之一，它是人们根据客观事物的发展规律，在综合现实世界提供的多方面信息的基础上，对客观事物的发展趋势、未来图景及其实现的基本过程的预测、推断和构想。在社会发展的众多领域中，超前思维起了重要的作用。

超前思维有一个特定的发生、发展过程。超前思维的形象联想、艺术想象是创作构思中能促进艺术家、科学家开拓新领域的一个环节。一些想象和联想的形象在没有被发明或被实践证实的时候，往往会被人们认为是荒诞的幻想，但正是无数这样的幻想多年以后成为现实。如果没有人们的超前思维，世界就不可能发展到今天这个规模。

美国工业设计师诺曼·贝尔·盖茨1940年在“建设明天的世界”博览会中，代表通用汽车公司设计了“未来世界”展台，为未来的美国设计出环绕交错、贯穿大陆的高速公路，并预言：“美国将会被高速公路所贯穿，驾驶员不用在交通信号前停车，而可以一鼓作气地飞速穿越这个国家。”尽管当时有许多人对此表示怀疑，甚至提出反对意见，但这一预言现在已变成现实。高速公路以其安全、快速、实用的功能和美观的造型遍布全世界，为大自然增添了一道独特的景观。

生存的价值和质量是由我们所做的事情决定的，此时此刻你所做的事，就决定了你是留在原地还是迈向未来。虽然同是处在2017年，但是如果有人已经在思维的模式和行动上超越了现在的年份，那么他就将取得超越其他人的巨大成就。所以，对每一个人来说，最重要的不是我们现在处身于何处，而是我们的想法在哪里，我们的事业方向在哪里，我们宏观的格局在哪里。

如果你今天身在2020年，但是想法已经在思考2040年，而你的竞争对手在思考2022年，你们之间就有了差距。这种思维上的无形差距最终将导致完全不同的结果。前瞻意识和思维可以使我们采取最先进的方法，提前把握未来，成为生活中的捷足先登者，成为整个社会发展的前驱和带领者。

1945年，二战结束，大量剩余物资被当做废品处理掉，无人问津。而郭芳枫却敏锐地意识到，战后这种状况只是暂时的。同时，新加坡是东南亚地区最重要的转口贸易港，战后恢复通航，各国轮船途经此地，一定会大量购置各种用品或进行船务维修等。经过分析判断，郭芳枫做出超前决策：筹集资金，大批购买被当作废品处理的物资。正如郭芳枫所料，各国航船来到新加坡后大量购买物品，再加上本地购买力的提高，因此被人们视为废品的物资就身价百倍了。几年下来，郭芳枫创办的丰隆公司就获得了巨额利润。到了1948年，丰隆公司注册为有限公司，下属六家分公司，摇身一变成了资金雄厚的商业大公司。

郭芳枫初战告捷，下一步如何行动，他又开始认真思考时代的新需要。他认真分析了当时的国际形势，认为搞房地产和建筑材料会发大财。于是他当机立断，雷厉风行地干了起来。他先迅速地把大批资金投向房地产业，接着又投资建材行业。1948年丰隆公司改组为有限公司后的第一件大事，就是挑选有发展前途的地皮廉价买进。这一招使郭芳枫又成功了。没几年，新加坡的地皮价格像肥皂泡一样膨胀起来，他廉价买进的地皮，价格打着滚儿地向上翻，而他投资的水泥厂等建材行业也大赚钱。郭芳枫的丰隆公司再次发了一笔大财。从此，丰隆公司成为新加坡的龙头企业。与时俱进，这是人人都想做到的，但时代需要什么，怎样做才能与时俱进，这才是问题的要害。郭芳枫之所以能够屡试不爽，关键是他的见识高人一筹，时代趋势把握得准确。

郭芳枫是14岁从福建省走出来的农民子弟，经过自己的奋斗，成为新加坡赫赫有名的巨富。创造这一奇迹，郭芳枫的诀窍是："做生意要有长远的目光，要适应时代的需要。"这看起来平淡无奇的诀窍，实际上包含着超前思维的深奥道理。

行动来自于理念的导向，未来有赖于眼光的指引，对商人来说，只有想不到的没有做不到的。不要忽视眼光和理念的价值，它常常是成功与失败的分水岭。优秀的企业家都目光远大，有志存高远的胸襟，他们总是立足当前，为企业的未来勾画蓝图。在风云变幻之际，只有敏锐地透视未来，准确地预测走势，果敢地决断风险，才能先人一步取得成功。

## 逆向思考是正向前进的助推器

商场即战场，打仗讲究"兵贵神速"，做生意也要讲究快。一招占先，则步步主动，利于掌握全局。成功者，要么给人以莫大的动力，要么给人以莫大的压力。其实成功者也都是普通人，唯一不同的是他们比其他人多做了一些事情，于是他们成功了。机会来临不要犹豫，马上行动，这是你走向成功的必经之路。

每成一事要比别人快半步。“快”的意思就是捷足先登、先下手为强。历史经验证明：能否做到快半步，往往会决定一件事情的成功或失败。20世纪80年代，在北戴河卖冷饮的李晓华成了亿万富翁，其实，他并没有什么特别的天赋和超凡的本领，他的成功诀窍就是办事比别人快半步。

改革开放初期，李晓华到了广州，他在广州商品交易陈列馆看到一台从英国进口的冷饮机，价格是8500元，并且还是样品。他的第六感觉告诉他，只要自己比别人快半步把这台机器弄回北戴河，今年就可以发上一笔。为了买到这台机器，他就和对方攀起朋友来，费了一番周折，对方终于把样品卖给了他。

不久，他就把这台机器运到了北戴河海滨，那年夏天，李晓华净赚了几十万元。李晓华靠快半步完成了资本的原始积累。但几年来的经商经验告诉他，明年夏天肯定会有很多人也用这玩意儿赚钱，于是秋天刚刚一到，他就把冷饮机卖了！第二年，北戴河的海滩上一下子涌现出几百台冷饮机，相互展开压价大战，做冷饮生意的人最多只赚回一点劳务费。后来，李晓华又找到一个机会，抢在别人前面买了一台组装的录像机和大屏幕的投影机，做起了放录像的生意。因为当时这东西很稀罕，很多人还没看到过，一块钱一张的门票，竟被炒到十元……李晓华先卖冷饮，后放录像，打一枪换一个地方，全凭动作比别人“快半步”，抓住了先机，于是他很快跨入了百万富翁的行列。

商场竞争如同弈棋，一招失先，则步步落后。那时，需要花费很大努力才能扭转被动局面。如果你能一招占先，则步步主动，利于掌握全局。

在市场上，新即是价值。跟在别人后面亦步亦趋是没有出头之日的，要想做大生意赚大钱，一定要抢在对手之前出新招。比尔·盖茨说："你不要认为那些取得辉煌成就的人，有什么过人之处，如果说他们与常人有什么不同之处，那就是当机会来到他们身边的时候，他们会立即付诸行动，绝不迟疑，这就是他们的成功秘诀。"

大连人韩伟，从一个家庭养鸡场起步，做成了"中国鸡王"。他的成功之处就在于以超前的眼光看市场，始终领先别人一步。1984年，韩伟自筹资金3000元，办起家庭养鸡场。那时，以商业为目的的家庭养鸡户极少，所以他做得很顺手。后来，家庭养鸡场越办越多，韩伟又先人一步，贷款15万元，办起真正的养鸡场，以规模效益取胜。这一步棋他又走对了，在同行面前赢得了很大的竞争优势。

几年后，养鸡场渐渐多起来。韩伟意识到，靠传统方法养鸡是不具备竞争力的，必须加大科技投入，降低养鸡成本。于是，他又扩大投资，建成了一座现代化养鸡场。设施全部自动化，整个鸡舍只需一个人操作，这在当时绝对算得上超前。他的鸡场产量相当高，每只鸡年产蛋达到20千克，而一般的大鸡场只有12千克，国际先进水平也只有18千克。产量大、成本低，他的竞争优势十分明显。

又过了几年，韩伟看到市场过剩经济已现端倪，仅生产普通鸡蛋，前途难测。于是，他高薪聘请中科院营养学专家开发绿色鸡蛋，这正好迎合了人们普遍崇尚生活品质、钟情绿色食品的心理。所以，他的绿色鸡蛋一上市，不仅畅销国内，还远销国外。

在同样的机会下，谁快谁就会赢得机会，谁快谁就会赢得财富；在机会不同的条件下，后来者要用速度赢得时间，赶上前面的领先者。在竞技场上，冠军和亚军的区别可能就是只有0.1毫米或者0.1秒钟，但是它却决定了两个人的不同命运，冠军一飞冲天，亚军一落千丈。

做好事情，关键就在于如何眼明手快，掌握时机。只要具备锐利的眼光，只要肯吃苦耐劳，成功的钥匙就在你手中。行动就是力量，一万个空洞的说教远不如一个实实在在的行动。如果你下定了决心并且立刻去做一件事，那么你的梦想一定会实现。

# 转换思路，这头不通走那头

一个人要想成就一番大事业，没有远见是不行的，站得高，才能看得远。戴高乐说："眼睛所到之处，是成功到达的地方，唯有伟大的人才能成就伟大的事，他们之所以伟大，是因为决心要做出伟大的事。"只有拥有深邃的思想和广阔的视野，按照既定的目标，坚持不懈，到最后才会获得成功。

要想取得成功，应该具备许多种因素。它离不开个人的素质、生活阅历和知识水平，但更重要的一点是要有敏锐的洞察力和远见卓识。大量的商业实践表明，商人的洞察力与生意的利润率成正比。

美国零售业的西尔斯百货公司能成为美国最大的百货公司，是与当家人超前的目光分不开的。公司原副总裁伍德在1925年通过分析美国人口发展趋势，敏锐地发现随着汽车业迅猛的发展，私人拥有的汽车将越来越多，而大城市已无法提供那么多停车的地方，人群将会大量流向郊区。汽车的大发展将为商业零售方式带来一次革命，迫使城市作为商业中心的地位下降，而郊区则会得到大发展。伍德毅然作出一个重大决策：西尔斯百货公司向郊区发展。他们趁当时空地多，土地租金低，别人还未醒悟，迅速地在郊区建立自己的市场优势。伍德作为一个能洞察商品零售业发展趋势的商人，使西尔斯公司得以大展宏图。现在它拥有850家零售商店和14个邮购中心，不仅成为美国最大的百货公司，还把触角伸到了加拿大和欧洲。

犀利的眼光才能发现真金所在，好的眼光能成就一个人的未来，坏的眼光能毁掉一个人的锦绣前程。清代被称为"红顶商人"的胡雪岩有一句至理名言："做生意顶要紧的是眼光，你的眼光看得到一个省，就能做一个省的生意；看得到外国，就能做外国生意；看得到天下，就能做天下生意。"

成功的生意人，必须目光远大，有极强的洞察力。在风险与机遇共存的经营活动中，那些独具慧眼的商人，能发现赚钱的机遇，发现市场变化的趋势和规律，从中大获其利。

19世纪80年代，约翰·洛克菲勒已经以他独有的魄力和手段控制了美国的石油资源，这一成就主要受益于他那从创业中历练出来的预见能力和冒险胆略。

1859年，当美国出现第一口油井时，洛克菲勒就从当时的石油热潮中看到了这项风险事业是有利可图的。他在与对手争购安稳鲁斯公司的股权中表现出了非凡的冒险精神。拍卖从500美元开始，洛克菲勒每次都比对手出价高，当达到5万美元时，双方都知道，标价已经大大超出石油公司的实际价值，但洛克菲勒仍满怀信心，决意要买下这家公司。当对方最后出价7.2万美元时，洛克菲勒毫不迟疑地出价7.25万美元，最终战胜了对手，年仅26岁的洛克菲勒开始经营起当时风险很大的石油生意。当他所经营的标准石油公司在激烈的市场竞争中控制了美国市场上炼制石油的90%时，他并没有停止冒险行为。19世纪80年代，利马发现一个大油田，因为含碳量高，人们称为“酸油”。当时没有人能找到一种有效的办法提炼它，因此一桶只卖15美分。洛克菲勒预见到这种石油总有一天能找到提炼方法，坚信它的潜在价值是巨大的，所以执意要买下这个油田。当时他的这个建议遭到董事会多数人的坚决反对，洛克菲勒说：“我将冒个人风险，自己拿钱去购买这个油田，如果必要，拿出200万、300万。”洛克菲勒的决心终于迫使董事们同意了他的决策。结果，不到两年时间，洛克菲勒就找到了炼制这种酸油的方法，油价由每桶15美分涨到1美元，标准石油公司在那里建造了当时世界上最大的炼油厂，盈利猛增到几亿美元。

同样是商人，眼光不同，境界不同，结果也不同。在现实生活中，远见卓识将给你带来机遇和巨大的财富。凯瑟琳·罗甘说：“远见告诉我们可能会得到什么东西，远见召唤我们去行动。心中有了一幅宏图，我们就能从一个成就走向另一个成就，把身边的物质条件作为跳板，跳向更高、更好的境界。这样，我们就拥有了无法衡量的永恒价值。”

尽管时代不同了，但是“眼光决定未来”这一事实并没有变。谁能成为先觉者，高瞻远瞩，先行一步，谁就能在21世纪成为行业中的佼佼者。

## 改变传统立意，产生全新的见解

成功者总能从平常小事上敏锐地发现新生事物的苗头，并且深究下去。见微知著必须独具慧眼，也就是用眼睛看的同时，也要配合敏捷的思维。只有看到别人看不见的事物，才能做到别人做不到的事情。远见是成功者必备的素质之一，每一个渴望成功的人都要有自己的远见。不管有什么问题、困难和障碍，只要长期不懈地努力，就能实现自己的梦想。

凡事预则立，不预则废。只有“干着今天，想着明天”，积极进行预测，才能不放过那些转瞬即逝的机会，达到既定的目标。

这里我们不妨来举一个例子：大庆油田是我国20世纪60年代勘探、开发的大油田，当时，绝大多数的中国人还不知道大庆在哪里，但日本人却已经对大庆油田了如指掌。为何外国人对我国的油田了如指掌呢？这里有一个重要的原因，就是他们看问题比较深刻全面。

日本人首先从《中国画报》刊登的铁人王进喜的大幅照片上，推断出大庆油田在东北三省偏北处，因为照片上的王进喜身穿大棉袄，背景是遍地积雪，这雪景只有在东北三省才会出现。接着，他们又从另一幅肩扛人推的照片中推断出油田离铁路沿线不远。然后，他们从《人民日报》的一篇报道中看到一段话，王进喜到了马家窖，说了一声：“好大的油海啊，我们要把中国石油落后的帽子扔到太平洋里去！”据此，日本人又作了深刻的思考，判断出大庆油田的中心就在马家窖。

大庆油田什么时候产油了呢？日本人判断：1964年，因为王进喜在这一年参加了全国人民代表大会，如果不出油，王进喜是不会当选为人大代表的。日本人还准确地推算出大庆油田钻井的直径大小和大庆油田的产量，依据是《人民日报》一幅钻塔的照片和《人民日报》刊登的政府工作报告。把当时公布的全国石油产量减去原来的石油产量，简单之至，连小学生都能算出来。日本人推算出大庆的石油产量为3000万吨，与大庆油田的实际年产量几乎一致。

有了如此多的准确情报，日本人迅速设计出适合大庆油田开采用的设备。当我国政府向世界各国征集开采大庆油田的设计方案时，日本人一举中标。

一个人要想取得成功，不但要通过现象看到本质，而且还应该别具慧眼，看到别人所看不到的东西。像鲁迅先生所说的，“从字缝里看出字来”“于无声处听惊雷”。要想达到既定的目标，除了有的放矢地研究各种信息外，还必须掌握市场变化的规律，调查顾客的购买心理，以及竞争对手等情况。事实证明，凡积极进行预测的人，都能有效地抓住机会。利用“预见”创业，要求投资者首先要做到洞察先机，就像下棋至少看到三步。当事情在萌芽状态或者还未形成任何征兆时，便能从中窥破商机，预知其走势和结果，然后抓住商机，创业成功。

世局在变，地球仪的版本也在变，过去平均每两年才变一次版本的地球仪，已无法追上世界局势的变化。在变化莫测的世局中，谁能提前一步出版有纪念价值的地球仪版本，谁就能赚大钱。在这方面，有个名叫渡边的日本人做得非常漂亮。他原本是位铅笔制造商，出版地球仪纯属半路出家。随着东欧风云的变幻，当他看到柏林墙被推倒时，忽然产生了灵感，抢先出版了东西德统一后的新版地球仪，投放市场后，几天工夫就被抢购一空，令美国一家大名鼎鼎的专业生产地球仪的公司瞠目结舌，他也因此赚到一大笔“潮头”钱。

如果你有远见，那么你实现目标的机会就会大大增加。美国商界有句名言：“愚者赚今朝，智者赚明天。”一切成功的企业家，每天必定用80%的时间考虑明天，20%的时间用于处理日常事务。着眼于明天，

不失时机地改进旧产品、发掘新产品，满足消费者新的需求，就可能会独占鳌头，形成“风景这边独好”的佳境。

远见会给你带来巨大的利益，为你打开机会之门。远见会挖掘你人生发展的潜力，一个人越有远见，他就越有潜能。一方面，远见会赋予你成就感，赋予你乐趣。当那些小小的成绩为更大的目标服务时，每一项小任务都会成为一幅宏大的图画的重要组成部分。另一方面，远见会给你的工作增添价值。哪怕是最单调的工作也会给你满足感，因为你看到更大的目标正在实现。

# 第11章

## 对换角度，换位的思维方式让一切变得不同

### 冷门思维从被人忽略的事物中寻找成功机会

先知己而后知彼，才可以胜出。作为一个聪明人，只有头脑里装着对手的活档案，正确运用换位思维，善于以己度人，才能对症下药，时时立于主动地位。我们每天都要问自己很多问题，这是我们安排每天工作的前提。例如，别人在想什么？他们在做什么？他们为什么这么做而不那么做？他们将要如何做？其实，要回答这些问题的时候我们只需要问自己：我在想什么？我在做什么？我这么做究竟要达到什么目的？问题也许就迎刃而解了。这就是思维换位。如果学会了思维换位，解决问题的途径就会扩大，做事的胜算就会提高。

换一种立场或视角看待工作或生活中的各种事物，可以使我们做出与平时惯常思维不一样的选择。历来有“知己知彼，百战不殆”的说法，其不为人知的一层含义就是先知己而后知彼，然后才可以胜出。其实，这也是思维换位的精辟哲学总结。

朱可夫元帅是一位军事奇才，一生战功显赫。第二次世界大战末期，苏军先锋部队抵达距柏林不远的奥德河时，遇上了危急情况——与后继部队脱节，人员和物资供应不上。这时，朱可夫元帅连忙找来他的坦克集团军司令卡图科夫将军，与他商量对策。朱可夫问他的部下，“假如你是德军柏林城防司令古德里安，手中拥有23个师，其中有7个坦克师和摩托化师，朱可夫现已兵临城下，而后继部队还在离柏林50公里之外，在这种态势下，你会有什么举措？”卡图科夫回答说：“那我就用坦克部队从北面攻打，切断你的进攻部队。”朱可夫听后，击掌高呼：“对啊！这是古德里安唯一的好机会。”于是，他当即命令他的第一坦克集团军火速北上，及时一举歼灭实施侧翼反击的德军坦克大部队，保证了柏林战役的胜利。

朱可夫成功地运用换位思维法巧妙用兵，与敌人“换把椅子坐一坐”，让卡图科夫扮演反面角色，充当敌人的指挥官，通过换位模拟对抗研究，搞清了敌人的用兵方略，从而化险为夷。兵行诡道，上兵伐谋。作战行动中，敌对双方都在千方百计地算计对手，想方设法地战胜对手。我须因敌用谋，敌也料我定策。我要发挥自己的优势，敌手却避而不触；我要竭力把自己的短处隐藏起来，对方偏要积极寻觅。这就是战争的玄妙之处。所以，作为一个聪明的人，只有头脑里装着对方的活档案，正确运用换位思维，善于以己度敌，反观以求，才能对症下药，时时立于主动地位。

唐朝中叶，安禄山发动叛乱。叛军一路上势如破竹，来到了雍丘。著名将领张巡率领雍丘军民进行了积极的抵抗。守卫战坚持了40多天，城中的箭都已用完。张巡叫士兵们扎了1000多个草人，给草人穿上黑衣，系上绳子。晚上，叫士兵提着绳子把草人慢慢放下去。围城的叛军以为是唐军偷越出城，一阵乱箭射去。等草人身上扎满了箭，士兵们再把草人拉上城来。这样反复好多次，得到了十几万支箭。秘密泄露出去，叛军才知道张巡用了草人借箭的计策。

又一天夜里，只见又有好多人从城上吊了下去。叛军将士都哈哈大笑，嘲笑张巡愚蠢。有个将领说："张巡还想用草人来赚我们的箭呀，弟兄们，别上当啦！咱们不理它，让他们自己等着吧！" 过了一阵子，有人报告城墙上的草人不见了。那个将领说："咱们不射箭，张巡等得不耐烦，把草人收回去了。没事啦，大家都睡觉吧。"夜深人静的时候，突然跑出一支唐军，直向叛军兵营杀来。叛军将士早已进入梦乡，遭到这突然袭击，立刻大乱。原来这又是张巡用的计。这次吊下城来的不是草人，而是唐军的敢死队。敢死队下城以后就找地方埋伏起来，到深夜发动突然袭击，城里再呼应助威，好像增援大军从天而降。其实敢死队一共才500人。等叛军惊慌逃跑，敢死队和城里的唐军乘胜追杀十多里，取得胜利，才收兵回城。

这就是主人公利用人们习以为常的心理，先频频以假象示敌，使敌人麻痹，再在适当的时机攻其不备，给敌人以打击。而这一切都必须置于深入了解敌军，知敌之所想，料敌之所为的前提之下。可见，正确地运用换位思维，是"以劣胜优"的客观环境对我们提出的必然要求。

社会生活中信息常常真假难辨，商机稍纵即逝，始料不及的新情况和新问题随时都可能发生，正确地进行换位思维绝非易事。必须下真功夫、苦功夫和细功夫，从历史经验和发展趋势上深入研究分析对手惯用的招数和伎俩，从蛛丝马迹中适时推断对手的变化，做到人变我变，始终高人一筹。这样，才能谋敌而不被敌所谋，制敌而不被敌所制。

## 冷门思维是成功者最常用的武器

成大事者在遇到难题时往往善于换位思考，即从另外一个角度重新审视自己和环境，以便找到人生机遇和突破点。这就是说，换位思考是成功者的手段之一。在现实中，我们往往会非常固执或一意孤行而无法接受他人的观点，总以为自己的观点是最合理的、最有效的。这时我们最需要的就是换位思考。换位思考，就是设身处地将自己摆放在对方的位置上，用对方的视角去看待世界。这是一种非常有益又十分实用的思维方式。换位思维人人都可以做到，它不是一种复杂的技巧，而是一种人生态度，只要你愿意，你就可以做到。

工作生活中，我们经常会遇到许多羁绊和束缚，对于它们，我们常常毫无办法。殊不知，囚禁我们的不是别人，正是我们自己，是我们不健康的心态和偏激的态度。遇到一些很棘手或烦心事时，我们完全可以换一种思维方式，相信逆境的背后将会是一片艳阳天。

刚刚大学毕业的基克尔初入社会，在一家公司外贸部就职。他不幸碰上了一个爱拍马屁，什么本事也没有的顶头上司。此人常常无事生非，总把白天处理好的文件弄得一团糟，转眼出了错，又把责任推给基克尔。

一气之下，基克尔辞职去了另一家公司。在那里，出色的工作虽然使他博得了许多同事的称赞，但无论怎样也没法使苛刻、暴躁的经理满意。心灰意冷间，他又萌动了跳槽之念，于是向总经理递交了辞呈。总经理没有挽留基克尔，只是告诉他自己处世多年得出的一条经验：如果你讨厌一个人，那么你就要试着去爱他。总经理说，他就曾“鸡蛋里挑骨头”般地在一位上司身上找优点，结果，他发现了老板的两大优点，而老板也逐渐喜欢上了他。

基克尔依旧讨厌他的经理，但已悄悄收回了辞呈。他说：“现在想开了，作为一个成熟的人应该用宽广的胸怀去包容一切，爱一切。换一种思维看待人生，你一定会发现，乐趣比烦恼要多得多。” 有些时候，迫切需要改变的，或许并不是环境，不是别人，而正是我们自己。如果你无法改变环境，唯一的方法就是改变你自己。清醒地认识自己，不断地完善自己，发挥出自己全部的能力，这对事业的成功肯定会有很大的帮助。“遇到障碍我会诅咒，然后搬个梯子爬过去。”这是美国黑人亿万富翁约翰逊的一句格言。是的，人生中不可能没有挫折，没有阻碍，关键是你如何对待挫折和阻碍。当我们的生活不如意，做什么都不顺利的时候，有的人往往抱怨自己没有碰到好机会，或者没有遇到好环境等，但很少有人会反思自己，在个性上有什么问题，或者工作中有什么缺陷。

20世纪30年代，日本有个矮个子的年轻保险推销员，他的推销业绩很差，因而收入也少得可怜。陷于困境的他，有一天无意中进入了一所寺庙，向一位老僧人推销保险。他滔滔不绝地说着投保的好处，没想到他说完之后，老僧人摇了摇头说："小伙子，你说了这么多，我丝毫没有兴趣啊！你要向人推销，就一定要有一种强烈的吸引力才行，否则，你做推销就没什么前途了。"看着满脸通红的年轻人，老僧人说："小伙子，还是先改造改造你自己吧！"走出寺庙后，年轻人一路上思索着老和尚的话，觉得他的话虽不中听，但说得还是有道理的。为了改造自己，他组织了专门针对自己的"批评会"，每月一次，每次请五个同事或者投了保的客户一起吃饭，请他们指出自己的毛病。每一次的"批评会"都使他有剥了一层皮的感觉，但他默默地忍受着，把那些逆耳忠言一一记录下来，进行反省。随着毛病的减少，他觉得自己也渐渐成熟起来。他的努力终于得到了回报，到了1939年，他的销售业绩获得了全日本第一。从1948年起，他竟连续15年保持全日本销量第一的好成绩。这个矮个子不是别人，就是后来著名的推销大师原一平。

在现实的生活中，当人们解决问题时，时常会遇到认识和判断瓶颈，这是由于人们只在同一角度停留造成的。很多人不敢改变，或者说不愿意改变，是因为他们头脑中关于价值判断的标准已经固定，这使他们很难再换一个角度想问题。如果能换一换视角，情况也许就会改观，就会有新的变化。

成大事者在遇到难题时常常善于换位思考，即从另外一个角度重新审视自己和环境，以便找到新的人生机遇和突破点。这就是说，换位思考是成功者的手段之一。换个角度，就换了一种思维方式，就打破了自己的惯性思维模式，这样，必然会有不一样的结局出现。

# 另类思维更易捕捉到成功机会

思维换位是站在他人的角度来思考问题、分析问题和解决问题的一种思维方式。它能促进人与人之间在思想上和情感上的沟通，能有效地防范和化解一些矛盾冲突。由于人性弱点的限制，很多人在处理问题和与人交往时，往往总是立足于自己的立场，考虑更多的是自己的利益和需要，却很少关心他人的需要，更别说从对方的立场来看问题了。倘若你能先行一步，转换一下立场，考虑对方的需要和感受，以对方期待的方式来对待他，那么，你不仅掌握了一个高明的交往原则，而且还掌握了一项通往成功的诀窍。

我们日常生活中会有许多误会和分歧，处理不好矛盾就会激化，甚至与对方反目成仇。困惑我们的主要问题是：他怎么总这样对待我？其实，如果我们站在对方的立场上考虑问题，误会也许就会很快消除。我们不能不赞叹我们先人关于“设身处地”的说法，其实这是对思维换位的简洁而客观的描述。思维换位是非常重要的思维方法，是解决问题的有效途径，也是化解矛盾的利器。

加里·沙克是一个具有犹太血统的老人，退休后，他在学校附近买了一间简陋的房子。刚住下的前几个星期还很安静，不久，就有三个年轻人开始在附近踢垃圾桶闹着玩。

老人受不了这些噪音，便出去跟年轻人谈判。“你们玩得真开心，”他说，“我喜欢看你们玩得这样高兴。如果你们每天都来踢垃圾桶，我将每天给你们每人一块钱。”三个年轻人很高兴，更加卖力地表演“足下功夫”。不料三天后，老人忧愁地说：“通货膨胀减少了我的收入，从明天起，我只能给你们每人五毛钱了。” 年轻人显得不大开心，但还是接受了老人的条件，他们每天继续去踢垃圾桶。一周后，老人又对他们说：“最近没有收到养老金支票，对不起，每天只能给两毛了。”“两毛钱？”一个年轻人脸色发青，“我们才不会为了区区两毛钱浪费宝贵的时间在这里表演呢，不干了！”从此以后，老人又过上了安静的日子。

换位思维让你发现事情的本质，找到最人性化的处事方法。管理血气方刚的年轻人，强制性的命令只会让他们变本加厉、适得其反，利用换位思维，把面子给足他们，才能将其控制在股掌之中，事情的结果才能向自己的意愿发展。

思维方式对我们的影响还体现在人际关系上。我们常常容易固守自己的思维方式，与人僵持不下，导致人际关系的不和谐。即使有时明知自己错了，但为了维护所谓的“面子”，也要找个理由来掩饰自己。如果思维转换一下呢？事情发生时，换位思考一下，不是去想“我怎样证明自己是对的”，而是去思考“为什么他是这种观点，他从哪个角度考虑的”，双方都这样思考，就不会再有不和谐的事情发生，周围的气氛也就一片祥和了。

第二次世界大战期间，美国空军与降落伞制造商之间发生了矛盾。当时，降落伞的合格率已经提升到99.9%，军方则要求合格率必须达到100%。对此，厂商认为任何产品都不可能达到绝对100%的合格率，除非出现奇迹。这就意味着每1000个伞兵中，会有一个因跳伞而丧命。后来，军方改变质量检查的方法：从前一周交货的降落伞中，随机挑出一个，让厂商负责人装备上身后，亲自从飞机上跳下。这个方法实施后，奇迹出现了：不合格率立刻变成了零。这是因为当厂商负责人运用了换位思维进行思考后，他不仅亲身经历了伞兵所处的危险境遇，真切体会到不合格的降落伞对伞兵的生命所构成的威胁，而且真正了解到了不合格的降落伞的主要问题所在。这样，他既有了改良产品的动力，又准确找到了产品需要改良的地方，自然能创造奇迹。美国空军巧妙地运用换位思维，轻而易举就解决了难题。

我们常常固守自己的想法，与人僵持不下，导致人际关系的不和谐。其实，凡事没有绝对的对错，只是各自站的角度不同而产生了相异的观点。将换位思维运用到日常生活的人际交往中，不仅能促进人与人之间在思想上和情感上的沟通，还能有效地防范和化解一些矛盾冲突。

同样一个问题，站在不同角度去看，就会有不同的结果，而苦与乐也就在这一念之间。所以许多事情，我们都可以将思维换位，换个角度，从别人的立场看一看，也许我们就会意外地发现，人生其实挺公平。如果我们常常运用换位思考，天地就会宽阔很多，我们的关爱之心也就会更多一些，人生也会因此变得轻松许多、快乐许多。

## 有些事物不是没有价值，而是你没有发现

如果你对别人指手划脚，那么有时会导致事情走向你所希望的反面。而若是从对方的立场出发，将他的思路引导到你的思路上来，往往会更容易达到自己的目的。换位思维是一种常用的思考方式，在日常生活中的应用相当普遍。一个人的原始观点是源于一种主观性很强的思维方式，有些情况下不具有实用性，是片面、独断、不具有现实可行性的思维方式，而换位思维则能够使观点的主观性得以淡化，使观点更加全面，更容易被普遍接受。一个人不可能天生具有超强的决策能力，实际上是他后天不断地接受他人的观点，然后加以磨炼，逐步地形成合理的决策方式，换位思维在其中起到了催化剂的作用。

换位思维的应用更能让对方认可你，在实际情况下，你如果直接否定对方的意见或观点，往往很难让人接受；如果当你站在对方的立场上考虑问题时，或许也能感觉到对方观点存在的可能性，再通过对所有这些观点进行整合，有助于获得更全面的认识。

美国有一位服装设计师，常要去推销所设计出的服装新样式。虽然人家也接待他，每次也都认真审看他带去的设计图，但很少有人购买他的图纸。为此，他很纳闷儿，于是便去请教有名的卡耐基。听了他的诉说后，卡耐基笑了，启发他说：“问题是你知不知道，他们究竟需要些

什么呢？你必须弄清这个才行呀！”话虽不多，但这么几句点拨，使他茅塞顿开。很快，他就打开了局面。

他带着设计图纸和半成品找到权威人士说：“先生，您能帮个忙吗？这是设计草图和一些半成品，请根据您的高见，帮我改一改。”对方一听，便让他把图纸留了下来。后来，还给他提了意见。于是他按照对方的意见加以修改，结果每次的设计都得到了他们的赞赏，图纸也都被他们买去了。新的服装样式得到了这些权威们的肯定，自然就流行开了。

为什么会这样呢？后来卡耐基作了简要的分析。因为一般人都不愿干别人规定或指定做的事，这是一种共同的心理。因此，你不能把自己的设计强加给他们。相反，如果你让对方感到主意是他自己出的，体现的是他的思路，那么，情况就会好得多，你就会很容易地说服对方，也很容易被对方接受。

要想使别人信服你，那你首先就要真诚地尽力站在对方的立场上看问题。顺着对方的意图来，是促成与对方合作的前提和动力。如果你对别人指手画脚，有时会激起他们的逆反心理，导致事情走向你所希望的反面；而若是从对方的立场出发，将他的思路引导到你的思路上来，让他站到你所搭建的舞台上，往往会更容易达到自己的目的。

罗斯福做纽约州州长的时候，完成了一项特殊的事业，他与其他政治首脑们的交情并不好，但他却能推行他们最不喜欢的改革。他是如何做的呢？每当有重要位置需要补缺的时候，罗斯福都会请政治首脑们推荐。“最初，”罗斯福说，“他们会推荐一个能力很差的人选，一个需要‘照顾’的那种人。我就告诉他们，任命这样一个人，我不能算是一个好的政治家，因为公众不会同意。然后，他们向我提出另一个工作不主动的候选人，是来混差事的那种人。这个人工作没有失误，但也不会有什么很好的政绩，我就告诉他们，这个人也不能满足公众的期望，我请他们看看，能不能找到一个更适合这个位置的人。他们的第三个提议是一个差不多够格的人，但也不十分合适。 于是我感谢他们，请他们再试一次。他们这时就提出了我自己选中的那个人。我就对他们的帮助表示感谢，然后我说就任命这个人吧。我让他们得到了推荐人选的机会。我请他们帮我做这些事，为的是使他们愉快，现在轮到他们使我愉快了。” 他们真的这样做了。他们赞成各种改革，如公民服役案、免税案等，这使罗斯福工作十分愉快。当罗斯福任命重要人员时，他使首脑们真正地感觉到，是他们“自己”选择了候选人，因为那个任命是他们最早提出的。

在这个故事中，罗斯福没有直接说出自己的意思，而是顺着对方的意图，这样就使他们自觉地回到“圈套”里来了。所以说，这其实是一种高明的策划手段，既达到了目的，又不露痕迹。如果我们借别人出面、出力去做成我们筹划的事，那么这种策略肯定是应该首先考虑的。以对方的眼光和情感作为切入点，引导他“变成”自己，这样，他自然会爽快地“替”你把事情给办好了。

# 第12章

# 舍旧从新，拨开思维的网让大脑自由呼吸

## 借力思维借梯登天是通向成功巅峰的捷径

思路要是不对，智商再高也是徒劳，而好的思路，是生命历程中一盏明亮的灯，导引你正确地走向成功的彼岸。现实生活中有一种荒谬的信念，认为只要有信息和智力就足够了，其实，智力就像汽车的动力，而思维能力才是驾驶汽车的技术。有些人智商很高，但思维能力却很差，有些人智力平平，但是思维能力却很强。

英国剑桥大学的迪·博诺教授说："一个人很聪明或智商很高，只是说明他有创造的潜力，但并不说明他很会思考。"智力和思考的关系，就好比一辆汽车同司机驾驶技术的关系，你可能有一辆很好的汽车，但如果驾驶技术不好，同样不能把车开好；相反，你开的尽管是一辆旧车，如果驾驶技术高超的话，照样能把车开得很好。

每个人的思想总会不自觉地受所处环境的制约，因而他的思想也不可避免地被局限在特定的圈子中打转。学会思考，你将清晰地看到世

界，并能够控制自己的生活，而不是被生活牵着鼻子团团转。

有位教授向学生出了这么一道考题：一个聋哑人到五金商店买钉子，先用左手捏着两只手指做持钉状，然后用右手做捶打状。售货员以为他要买锤子，便递过一把锤子，聋哑人摇摇头，指了指自己做持钉状的两只手指，意思是想买钉子，售货员终于醒悟过来，递上钉子，聋哑人高高兴兴地买到了自己想买的东西。这时，又来了一位盲人顾客，他想买剪刀……

教授说到这里，停顿了一下，提出下面这个问题：大家能否想象一下，盲人如何用最简单的方法买到剪刀？听过教授刚才的叙述，有个学生立即举手回答："很简单，只要伸出两个手指头模仿剪刀剪东西就可以了。"对于这位学生的回答，全班都表示同意。这时，教授微笑着说："其实，盲人只要开口说一声就行了，因为盲人并非聋哑人，自己能说话。而如果用手指模仿剪刀剪东西，自己反倒看不见。因此，请大家记住，再聪明的一个人，他一旦陷入思维的误区，钻进牛角尖，智力就在常人之下。"我们做工作，办事情，总是要解决问题，而能不能恰当地解决问题，很重要的是要把问题分析清楚，找到主要矛盾，或者说对问题有准确地界定，找准问题的症结，这样才能对症下药，有的放矢，不白花力气。

人的思维方式常常受制于既有的知识和经验，很难从既有的知识和经验中跳出来的。世界著名趋势专家约翰·奈斯比曾经说过："在信息时代，我们最需要的技能是学习如何思考，学习如何学习以及学习如何创造。"

第二次世界大战中有一个事例很有意思。苏联的军队有一天正要趁着黑夜向德军发动进攻，偏偏不巧，临到那天却是万里无云，满天星斗，部队难以高度隐蔽，很容易被敌军发觉。那么就改变日期吗？但一切都准备好了，朱可夫元帅于是焦急地思索起来。他突然想出了一个好主意，还是按原计划实施，只是下了这么一个奇怪的命令：将全军所有的探照灯都集中起来，同时射向德军的阵地。进攻开始了，苏军140台探照灯全都射向了对方的阵地，照得德军睁不开眼，只能挨打，无法反击，就这样，苏军取得了胜利。

为什么灯火通明还能取胜呢？原因就在于他找到了问题的症结。原来准备晚上进攻是要利用天黑，敌人看不见，部队好隐蔽，而问题的症结就在于只要使敌人看不见，我方就好攻击。所以这里“天黑”不是问题的关键，而让对方“看不见”才是根本。找到了这个根本就可以用其他方法让敌人有光也看不见，用强光集中照射就达到了这个目的，因而创造了这个奇迹。

可见，我们解决问题，不要急于着手，而要认真分析，做好对问题的界定，这样你就会很快找到问题的根本，解决起问题来，就会少走弯路，提高效率。在现实生活中，一个人的思路往往决定了他会向哪个方向走、又会向前走多远。如果缺乏好的思路，即使他再聪明、再有抱负，也会和成功失之交臂；如果拥有了好的思路，就能够在迷雾中看清目标，发现自己的独特优势。

思路要是不对，再有智慧也是徒劳，这时候脑筋转得越快，往往也死得越早。而好的思维方式，会使人生旅途充满亮光，每一种好的思维方式，都是生命历程中一盏明亮的灯，导引你正确地走向成功的彼岸。

## 巧动心思，借力打力最省力

若想寻求成功和追求卓越，必须设法跳出思维定式，这是每一个人走向成功与卓越的第一步，也是起跳时最关键的一步。简单地说，思维定式就是反复感知和思考同类或相似问题时所形成的定型化的思维模式。思维定式是人类心理活动的普遍现象，一个人如果形成了某种思维定式，就好像在头脑中筑起了一条思考某一类问题的惯性轨道。有了它，再思考同类或相似问题的时候，思维活动就会凭着惯性在轨道上自然而然地往下滑。然而，思维定式却是阻碍人前进的一道障碍，它使人的思维进入狭窄的死胡同。

要摆脱和突破一种思维定式的束缚，常常需要付出极大的努力。无论是在创新思考的开始，还是在其他某个环节上，当我们的创新思维活动遇到了障碍，陷入了某种困境，难以再继续想下去的时候，往往有必要认真检查一下：我们的头脑中是否有了某种思维定式在起束缚作用？我们是否被某种思维定式捆住了手脚？

公元前333年冬，马其顿国王亚历山大率领大军抵达戈尔迪乌姆建立冬季营地。在这里，亚历山大听到这座城市的一个著名传说——戈尔迪之结。据说，这个绳结是希腾神话中弗利塞亚图王戈尔迪亲自缠绕的，结构非常复杂；按照神谕，谁要是能解开戈尔迪之结，他就将成为亚细亚之王。亚历山大对这故事很感兴趣，他命人带路将他引到戈尔迪之结跟前，试图亲自解开它。亚历山大在绳结跟前试了半天，仍然找不到绳子的头绪，他茫然地问自己："我怎样才能打开这个结呢？"突然，他眼前一亮，跳出一个无比大胆的想法：用我的方法来解决这个问题吧！于是，他伸手从腰间拔出利剑，将这闹心的绳结，一劈两半，从此，亚历山大战无不胜。后来，他果然称霸亚细亚。

此故事蕴涵着一种很霸气的、更值得称道的思维方式，那就是，成大事者，决不被定式思维所束缚。虽然定式思维对人们思考惯常问题是有一定的帮助，它能省去许多思考步骤，有助于我们举一反三、触类旁通。但基于思考以往同类问题所形成的定式思维必然会极大地影响创造性思维，使人难以跳出思维定式的框框，好像进入了封闭的轨道。所以，创造性思维中，无论是新问题，还是老问题，都需要有新的思考程序和新的思考步骤，才能突破定式思维的束缚。

突破思维定式作为一种思考方法，在人们的实践活动中有着极大的价值。它有助于打破旧框框的束缚，有利于发挥人们的想象力和创新能力，从而打开新的思路，产生许多出人意料的新思想、新方法。旧思维一旦被打破，呈现在人们面前的，往往就是金光闪闪的前景。

20世纪中期，美国和苏联都已具备了把火箭送上天的条件。相比之下，当时美国在这方面的实力比苏联更强。但双方都存在一个卡脖子的问题：火箭的推动力不够，摆脱不了地球的引力。怎么解决这个问题呢？当时美、苏双方的专家都是根据自身长时间以来的实践经验，尽量设法增加所串联的火箭数量，以不断增强推动力。尽管火箭的数量已增加了不少，但还是不能解决问题。后来苏联的一位青年科学家，摆脱了不断增加串联火箭的思路，突破了这一思维定式，产生了一个新的设想：只串联上面的两个火箭，下面的火箭改为用发动机并联。经过严密计算、论证和实践检验，这个办法终于获得成功。这样一来，火箭的初始动力和速度一下子就大大地增强了，达到了足以摆脱地球引力的程度。于是一个长时间使成百上千个专家束手无策的技术难题，由于这样一个简单的新设想的提出，很快便得到了解决，从而使苏联抢在美国之前，于1957年，率先将人造卫星送上了太空。所以，若想在某些方面寻求成功和追求卓越，必须设法跳出由来已久的思维定式，努力改变常规的思维方式，这是每一个人走向成功与卓越的第一步，也是起跳时最关键的一步。大多数成功者，只实现了这一步，就彻底改变了他们整个的人生境界。

俯瞰芸芸众生，大多数人都很难实现自己的人生突破，很难获得重大的成功，其中一个不可小觑的原因，就是一般人都难以摆脱自己的知识和经验所形成的思维定式。很多人走不出思维定式，所以他们走不出宿命般的可悲结局；而一旦走出了思维定式，就可以看到别样的人生风景，甚至可以创造新的奇迹！

## 用别人的智慧成就自己的事业

惯性思维把人套在失败的经验中爬不出来，以致失去了一次次唾手可得的机会。因此，当发现自己被惯性思维锁住时，一定要当机立断，立即挣开它的捆绑。创造性潜能的发挥存在着诸多障碍。虽然我们每个人都有创造性的无限潜能，但“现实”的力量却在扼杀我们的想象力。分析表明，创新能力最大的威胁来自于自身的“判断之声”。“这是一个愚蠢的主意，没有人喜欢它。”这些说法以及无数与此类似的其他说法，使我们对自己创造性的思考能力产生怀疑，这种缺乏自信的态度会阻碍你提出新的创意。

我们经常用生活中的普遍规律去看待事情，这样，常常使我们固步自封，画地为牢，久而久之，便形成了惯性思维，把自己套在失败的经验中爬不出来，认为有些事自己永远办不到，却完全忽视了许多内部和外界的条件的变化，以至失去了多次机会。因此，当我们发现自己被惯性思维控制时，一定要当机立断，立即挣开它的捆绑。

最早的火车车轮上套有齿圈，是通过钢轨上的齿条上下咬合向前运动的。当时，许多专家认为，车轮必须有齿，没有齿，火车就会打滑脱轨。司炉工史蒂文森将车轮上的齿圈去掉后，发现火车不仅不打滑、不脱轨，反而在铁道上稳定地飞奔疾驶，速度提高了至少5倍。从此，火车摆脱了齿圈车轮这种人为自设的障碍，史蒂文森的名字也被载入了人类交通发展的史册。

事实表明，给火车加上齿轮的这个设计构思，不过是设计者的一种自设障碍。为什么很多人都会有上述那种想当然的认识呢？原因在于，他们的思路都被一个自设的障碍堵塞了。这一障碍的来源主要是人们对于某些事物长期形成的主观感觉，这种感觉会在人们进行创造性思考中不自觉地冒出来，形成某种障碍，阻碍我们探索科学真知的道路。

在瞬息万变的社会中，如果一味地恪守前人的经验，形成固定的思维方式，就会在思维定式中失去创新的机会。固定的思维方式容易使人产生偏见，这种偏见带有强烈的个人色彩。它容易把人的思维引入歧途，也会给生活与事业带来消极影响。由此可见，针对如何解决某些带有创新性问题时，应主动检查头脑中是否存在着自设障碍。排除了这些障碍，就能使问题迎刃而解。

美国杰出的发明家保尔·麦克里迪曾讲述过这样一个故事：几年前，我告诉我儿子，水的表面张力能使针浮在水面上，儿子那时才10岁。我接着提出一个问题，要求他将一根很大的针投放到水面上，但不得沉下去。我自己年轻时做过这个实验，所以我提示他要利用一些方法，譬如采用小钩子或者磁铁等。他却不假思索地说："先把水冻成冰，把针放在冰面上，再把冰慢慢化开不就得了吗？"

这个答案真是令人拍案叫绝！它是否行得通倒无关紧要，关键一点是：我即使绞尽脑汁冥思苦想上几天，也不会想到这上面来。经验把我限制住了，思维僵化了，这小伙子倒不落窠臼。我设计的"轻灵信天翁"号飞机首次以人力驱动飞越英吉利海峡，并因此赢得了14000美元的亨利·克雷默大奖。但在投针一事之前，我并没有真正明白我的小组何以能在这场历时18年的竞赛中获胜。要知道，其他小组无论从财力上还是从技术力量上来说，实力远比我们雄厚，但到头来，他们的进展甚微，我们却独占鳌头。

投针的事情使我豁然醒悟：尽管每一个对手技术水平都很高，但他们的设计都是常规的。而我的秘密武器是：虽然缺乏机翼结构的设计经验，但我很熟悉悬挂式滑翔以及那些小巧玲珑的飞机模型。我的"轻灵信天翁"号只有70磅重，却有90英尺宽的巨大机翼，用优质绳做绳索。我们的对手们当然也知道悬挂式滑翔，但他们的失败正在于他们懂得的标准技术太多了。

挣脱这种传统思维的桎梏，站到另一个不同的立场和角度去观察和思考问题，可能在别人眼中再普通不过的地方，在大家看来再自然不过的事情，但对于一个善于抽身于当局，时刻准备用自己的脑力去创造奇迹的人，或许就是一次难能可贵的机会。

在我们成长的环境中，有许多肉眼看不见的链条系住了我们。因此，我们独特的创意常常被自己抹杀，认为自己无法成功，其实，这一切都是我们心中那条系住自我的铁链在作祟罢了。当我们发现自己被那一条条铁链锁住时，要当机立断，立即排除自设障碍，使自己的潜能得以发挥。

# 与其待时，不如乘势

当常规已经不适应变化了的情况时，就应解放思想，打破常规，另辟蹊径。只有这样，才能在绝望中寻找到新的生机，取得出人意料的胜利。无论是思考如何解决碰到的新问题，还是对早已熟悉的问题寻求新的解决方案，一般都需要在多途径地探索、尝试的基础上，先提出多种新的设想，最后再筛选出最佳方案。

而基于反复思考一类问题所形成的“一定之规”，对创新思考常常会起妨碍和束缚的作用。它会使人陷入旧的思维模式的无形条框中，难以进行新的探索和尝试，因而也就难以产生新的设想。

一般情况下，按常规办事并不错。但是，当常规已经不适应变化了的情况时，就应解放思想，打破常规，另辟蹊径。只有这样，才可能化缺点为优点，化弊端为有利，创造出新的机遇，取得出人意料的胜利。

在欧洲，自从西红柿采摘机发明之后，不少专家们一直在忙于如何改进它。但是，那些经过改进的形形色色的采摘机，依然无法避免这样的问题，那就是：在采摘过程中，西红柿皮会被弄破。后来，有人发现，其问题的关键，不是采摘机太笨重，而是西红柿的皮太薄。要想彻底解决这个问题，只有请植物学家培育出一种新品种，使西红柿长出像水果那样厚的果皮。这种思维方法，无疑就是一个思维大突破。

艺术大师毕加索指出：“创造之前必须先破坏。”破坏什么？绝大多数人宁愿相信；遵守既定规则是非常重要的概念，否则，如果人人都想打破规矩，岂不是天下大乱？然而，管理专家强调，这只是一种鼓励突破思维局限的方法，让你更精确、有效地达到目标。换句话说，“要打破的是传统观念和传统规则，而不是法律”。

人生在世，都想做成点什么，然而很多人在回首往事的时候又确实觉得没做成什么，因为他们并没有什么建树，也没有什么成功可言。为什么会这样呢？没别的原因，只是因为不能打破常规而已。这是多数人的生活方式和做事准则，也是多数人不能成功的一个重要原因。记得有一位名人曾经说过："我不知道世界上是谁第一个发现了水，但肯定不是鱼。因为它一直生活在水中，所以始终无法感觉到水的存在。"

不只是鱼，其实在人类的社会中也是同样的道理。由于受到传统思维方式的局限，很多可以为你所用的创意源头一直就在身边，却被"当局的我们"视而不见或盲目地排斥甚至堵住，遏制了创意的面世机会和滋长空间。

傻瓜相机的自动聚焦为人们照相带来了很多好处，而这自动聚焦的功能就是在摆脱专业知识束缚的情况下设计出来的。自动聚焦是指相机根据拍摄的对象，自动测量距离，自动定好焦距。当时对这种相机的设计要求也可谓苛刻到家：既要小巧轻便、容易操作，又要成本低廉。为了做到自动聚焦，就要在相机里装进电动机，因此相机的体积就小不了，重量也轻不了；而如果为相机特别设计专用的超小型电动机，成本就会大大提高。许多人想了很多办法都行不通，后来一个非电机专业的人想：自动聚焦需要的动力很小，用弹簧代替行不行呢？这个想法突破了"必须用电动机驱动"这一思维定式，使设计人员豁然开朗。人们沿着新的思路不断进行探索和试验，终于研制成了一种超小型的自动聚焦相机。科技界普遍认为，这种所谓的傻瓜式相机，代表了产品开发的一个新的重要方向——即功能简单化、易操作化，同时高智能化、高科技化。从此傻瓜相机成了高科技发展的潮流，这个突发异想的技术人员也因此跨进了人生的新境界。

从自动聚焦相机的发明可以看出，突破旧思维是开拓新领域、新境界的重要思维武器。虽说思维有其规律可循，但打破常规进行思维，本身就是一条特殊的思维规律，是创新型人才不可缺少的特质。

世上的事情有时就这么简单得让人难以置信，如果你墨守成规，等待你的只有失败；相反，如果你稍微动一下脑筋，对传统的思维方式进行一番创新，就能获得成功。一旦养成了打破常规的思维习惯，就会迎来一片崭新的天地。面对瞬息万变的市场环境，只有敢于挑战常规，打破常规，才能有所作为，使自己站稳脚跟，立于不败之地。

## 因势造势，时机到了再出手

仅会积累知识，即使皓首穷经，也难有大作为。而思维能力强的人，却能再造知识，将知识转化为现实的生产力。书本是全人类有史以来共同创造的财富，是永不枯竭的智慧源泉。因为有了书本，前一代才得以将自己的知识、经验教训传递给下一代，使下一代人能够站在前人的肩膀上，批判地吸收他们的学识，而不必事事从零开始。如果说思维是人类成为“地球之王”的内因，那么书本则是我们俯瞰万物的资本。

不过，书本知识反映的是一般性的东西，表示的是理想化状态，与客观现实之间往往存在着一定的差异。在处理问题时，如果忽视这种差距，不重视实际情况，盲目运用书本知识，一切从书本出发，以书本为纲，那么书本知识在为我们带来无穷多好处的同时，也会招来不小的麻烦。

爱迪生是美国的大发明家，他的一切发明都和他的思维活跃分不开。一天，爱迪生在实验室里工作，急需知道一个灯泡容量的数据，因为手头忙不开，他就递给助手一个没有上灯口的玻璃灯泡，吩咐助手把灯泡的容量数据量出来。过了大半天，爱迪生手头的活早已干完，他的助手还没把数据送过来，爱迪生只好上门找助手，一进屋，他就看见助手还在忙于计算，桌上演算纸已经堆了一大沓，爱迪生很是郁闷，他皱着眉头问助手：“还需要多长时间？”助手回答说：“一半还没完呢。”爱迪生一看，就全都明白了，原来他那助手，刚才一直忙于用软尺测量灯泡的周长和斜度，用复杂的公式计算呢！助手把他那一套计算程序一一说给爱迪生听，以证明自己的思路没毛病。爱迪生不等他说完，便拍拍他的肩膀说：“别瞎忙了，小伙子，瞧我怎么干！”说着，他往灯泡里注满了水，交给助手：“把这里面的水倒在量杯里，马上告诉我它的容量。”助手一听，立刻惭愧得面红耳赤。学历很高的助手在碰到“测量灯泡体积”这一问题时，却还不如只念了三个月小学的爱迪生！这不得不让我们深思。一般说来，一个人所受的教育越多，他的知识也就越丰富，而丰富的书本知识则是创新的基础。可如果读死书，不会活用知识，只限于从教科书的观点和立场出发去思考问题，那不仅不能给人以力量，反而会消耗我们的创新能力；而读书少，知识不多，学历不高的人，只要善于运用思维，同样也能作出创造发明。

现实生活中，有很多人知识相当丰富，然而在解决实际问题时却显得很笨拙；而也有不少人虽然缺乏一些相关知识，但却颇有创造性智慧。在科技界，许多重大的发明、发现往往是由一些知识相对贫乏，然而富有创新，思维能力强的人做出的。

汽车大王福特并没有读过多少书，但却常常有新的创意，在行业中能独领风骚。一次，芝加哥的一家报纸说福特是“无知的和平主义者”，福特很生气，遂向法庭控告报社恶意诽谤。在庭上，报社为难倒福特提出了许多书本上的常识性问题。比如：“美国宪法的第五条内容是什么？”“英国在1776年派了多少军队来美国镇压反叛？”福特对此很不耐烦，气愤地说：“请让我来提醒你，在我的办公桌上有一排电钮，只要我按下某一个电钮，就能把我所需要的助手找来，他能够回答我的企业中的任何问题。至于我企业外的问题，只要我想知道，也可以用同样的方法获得。既然我周围的人能够提供我所需的任何知识，难道仅仅为了在法庭上能回答你的提问，我就应该满脑子都塞满那些东西吗？”这一回答有力地驳回了对方的提问。

“尽信书，则不如无书”，读书的最终目的并不仅仅是获取知识，更重要的是训练思维。因为知识随时可以查阅，而正确思维方法的形成，尤其是创新思维的开发则是一个长期的过程。古希腊哲人普罗塔戈说过一句话：“大脑不是一个要被填满的容器，而是一支需被点燃的火把。”对教育而言，这支需要点燃的火把正是人头脑中的创新思维。

当今，人类知识的容量已超过以往一切时代的总和，“知识爆炸”的态势警示着我们。仅会积累知识，即使皓首穷经，充其量只不过是一个双脚书橱，难有大作为。而思维能力强的人，却能再造知识，开发智能，将知识转化为生产力。正如著名的心理学家安玛华尔所说：“知识本身并没有什么，在学习一门知识的同时，应保持思想的灵活性，注重学习基本原理而不是死记一些规则，这样知识才会有用。”

# 第13章

## 专注思考，适时集中精力让思维更为顺畅

### 超前思维比别人超前一步，就能领先一路

平时，我们经常看到这样一些人，他们做事时专心致志，一丝不苟，通常能很顺畅地完成一件事情，能取得事业的成功。如果他们的思维紊乱，显得杂乱无章，就不能很好地完成一件事，更不要说取得事业上的成功了。做事时专心致志，就能认真细致，思维畅通，但是，如果思绪杂乱，头脑就会陷入混沌状态，难以清醒，这样，就会阻碍你前行的脚步，让你停滞不前，无法向前迈进一步。只有集中自己的思绪，把全部的心思用在自己所要做的事情上，你才能不断前行，成功地完成你要做的事情。

然而，并不是所有的人都能保持自己的思维畅通，专注于同一件事。这样的人，在生活中屡见不鲜，原本计划去做某件事，刚开始，他们很用心，做得专心致志，然而，随着时间的推移，他们就可能转移自己的心思，这样分心的结果只能是偏离了正常的思维，思绪变得紊乱，

从而使得自己也不知道自己要做什么。当然，原本计划做的事情也会因此搁浅，最终一事无成。由此可见，要想做好自己正在做的事情，就要能够控制住自己的思绪，让它顺着自己预定的目标延伸。即使中途事情有了新的变化，也不能信马由缰，把思绪的绳线紧紧地抓在自己的手里，这样你的思维才不会分散。继续前行，你就有可能迈向成功的顶峰。如果任由自己的思绪紊乱，积极进取和自信就会逐渐远离你，你会因此丧失前进的动力，不思进取，你的生活和事业也会变得一团糟，想要改变这些，就要学会专注思考，集中自己的精力，让思维在前进的途中保持畅通无阻。这样，无论你做什么事情，都会毫无阻碍。

小刘在一家公司做设计工作，她也想像那些成功人士一样，设计出骄人的作品。虽然她设计过很多作品，也获得过一些奖项，但是，这与她的预定目标还有很远的距离。

一次，为了设计一个汽车展示图，她花费了大量时间查找资料，并想象设计中汽车的最佳布局，以及如何突出那款汽车的结构、车型、品牌。

但是，当她心里有了大致的轮廓时，却在一次车展中发现了另一款汽车，与自己已经构思好的设计有相似之处。为了独辟蹊径，原本按照自己的思路进行下去的设计就暂时停下了，她甚至在想，如何在图上展示出汽车穿越山河的情景，以表现出该汽车优越的性能。每天，她都在一刻不停地想着这些，几天过后，她的思维渐趋紊乱，原来想象的设计图也逐渐变得模糊。她的设计也最终流产，因为她不能在预定的时间里拿出最好的作品，公司也因此辞退了她。

失去工作的小刘应聘到另外一家设计公司。她认识到了自己以前存在的错误，明白了一切都是由于自己不能专注于思考自己既定的目标造成的，于是，她决心重新开始自己的工作。再进行设计时，她先找好资料，进行一番参考，在心里构思好之后，一幅幅设计蓝图就在脑海里显现，再融入自己的创意，一件件设计作品很快就完成了。小刘也成了小有名气的设计师。

思绪变得紊乱，你就会无法进行自己的事情，就会停滞不前。一旦你保持清醒，专注思考，牵着思绪的丝线沿着预定的目标前进，你就会走向成功。事例中的小刘，在经历了一番周折之后，认识到了这一点，因此，她能够在最后取得成功。

杂乱无章的思绪，只会阻挡你前进的脚步。集中精力专注于你要做的事情，一切才会变得顺畅无阻，你前行的脚步才不会驻足不前，成功会频频向你招手。无论何时，抓住思维的丝线，让自己的思绪沿着预定的方向延伸，你就会一路畅通无阻。

## 前瞻意识可以使人提前把握未来

工作或学习中，我们在思考问题的时候，也许会因为事情的繁杂，经常会出现思路不清晰的现象，这也使得我们的头脑变得混混沌沌，不知所以。这对于做任何事情来说，都不是一个好的预兆，它会使得事情无法顺利进行下去，也会使我们茫然无措。要恢复清晰的思考，就要设法消除混沌，捋顺如乱草茎一样的思路。有了清晰的思路，事情才能做得有条有理，井然有序。

思维如果变得混沌，生活、工作就会变得混乱不堪，如果不能走上正常的轨道，你也就达不到自己预期的目标。清晰的思维，有助于我们正确考虑问题，分析问题的关键，使得事情能按照原定的计划进行。一旦陷入混乱的思维，就要立即从这种混乱中走出来，如果沉溺其中，势必会变得迷迷糊糊，时间一长，注意力就很难集中，这样，我们就无法正常工作或学习。虽然没有人愿意陷入这种昏昏沉沉的状态，然而，还是有人会不知不觉地变得迷糊起来，不能清晰地思考。如果及时纠正，捋顺混乱的思维，就会重新走上正轨。做到这一点，你就能摆脱思维混沌的阴影，保证自己所要做的事情顺利进行。

在一所学校任教的王老师，刚接手了一个班级的学生。最初，由于不了解班里每个学生的个性，面对那一双双渴求知识的眼睛，她脑子一热，变得慌乱起来，前言不搭后语，原本准备的自我介绍和设计好的课堂知识也变得枯燥无味。当她慌乱地走下讲台，思绪也一片混乱。她的第一节课就这样宣告失败。这对于她无疑是一个沉重的打击。

怎么办？这些学生怎么管理，以后的课程怎么进行？应该从哪里入手？王老师越想脑子越乱，简直理不清头绪。经过一段紧张的思考，她狂躁的心情渐渐平静了下来。她很快找到了自己失败的原因，一方面是由于自己的怯场、不镇定；另一方面也是由于自己对每个学生的情况不了解，不能具体到实际对学生因材施教。

于是，她重新梳理好自己的思绪，把课堂上需要做的每一件事都做了认真细致的分析，确定了重点。再给学生上课的时候，她微笑着走进课堂，优雅的谈吐，精彩的讲解，很快吸引住了学生，课堂取得了良好的预期效果。

清晰的思路，有助你走向成功。即使极其微小的事情，也需要你的思路保持清晰状态。而混沌的思路，往往会使你不知所措，王老师的第一节课之所以失败，原因正在于此。但是由于她能静下心来，认识到自己思路中存在的问题，进行清晰的思考，才使她后来的课程教学取得成功。可见，无论是工作还是学习，或是做其他的事情，只有捋顺混乱的思路，清晰地思考你要做的每一步，你做的事情才会井井有条。

思路出现混沌，担心忧虑也会接踵而来。因此，要摆脱思路的混沌，首先要放松心情，保持镇定从容，平静自己的内心，细细地理清自己的思路，才能进行清晰的思考，清楚所做事情的每一步，心中就会如皓月当空，星光闪耀。

## 成功的诀窍是做事比别人快半步

每个人的一生中，都需要做很多事情。在考虑或做事时，如果三心二意，不用心，你就会感觉到，要做完这件事会有多么艰难。究其原因，是因为你没有专注于这件事，不能集中精力做好这件事，你把事情想得太复杂了。其实，事情本是简简单单的，没有必要搞得那么复杂。如果你不能全身心地专注一件事，一些多余的无用的想法就会困扰你，这很容易让你的思维散漫，让事情变得复杂。全神贯注于每件事，事情才能做得更完美。很多时候，注意力的分散会使事情变得特别复杂，甚至很棘手。

要做到全神贯注，也不是很容易的事情，要求你能约束住自己，不要有别的想法或念头，把全部的注意力都集中在你做的事情上。如果你不能全神贯注于你所做的事情，你就会失去自信，停滞不前，所做的事情就会不断拖延，最终一事无成。因此，事情的成功与否，全在于你的思维，你的态度，你对事情的注意力。给思维设定一个有限的空间，不由思维随意发散，集中精力，即使遇到困难，也会迎刃而解，不会成为你烦恼不已的思想负担。

陈晨经过应聘到一家单位去工作，凭着自己的能力，她的工作做起来得心应手。单位最近要和一家外企合作，派她作为代表去洽谈，外企的代表讲的是一口流利的英语，英文基础还不错的陈晨虽然能听得懂他说的话，但是却应答不上来，心里十分着急，场面也非常尴尬。此时，她才意识到，自己的英语口语表达能力是多么欠缺，她决心学习口语知识。

于是，一些英语沙龙成了她常去的场所，在那里，她和各种不同水平的英语爱好者进行交流。20多天过去了，她感觉到自己的英语口语表达能力有了很大的提高，觉得自己学的已经很好了，于是渐渐变得散漫了。原本定好的学习英语口语的时间，也被其他的事情占据。她不再学习英语口语，而是出去和朋友约会聊天、打球、旅游，日子也就这样一天天过去了。

令她没有想到的是，当单位再次派她和外企洽谈合作事宜时，满以为自己也能够自如应对当时的场面的她竟结结巴巴一句话说不出来。这次的洽谈自然也没有成功。单位领导经过研究，让别人取代她做了代表，陈晨后悔莫及。

无论什么事情，只有全神贯注地去做，才能获得成功。如果注意力不集中，便会难上加难。事例中的陈晨认识到自己在英语方面的缺陷，参加了英语沙龙，锻炼自己的口头表达能力，如果能够坚持下去，她的英语口头水平也能得到快速提高，能很好地完成自己的工作任务。但是由于她不能约束自己，不能全神贯注于锻炼学习，所以最后被别人所取代。

全神贯注于你所做的事情，任何事情对于你来说，都不是难事。在做事时想东想西、忽左忽右，或者迟疑不定，事情对于你来说，就会越来越复杂，失败就会如影子一样与你紧紧相随。收回自己放纵的心，集中精力，事情就会很简单。

## 思维有多远，就能走多远

面对众多问题，要进行具体而全面的分析。为了找到解决的办法，多方突破，思维就会辐射四方，希望通过更多的知识找到解决问题的方法。但是这种发散性的思维很容易使人走向极端。如果让思维随意发散，你所考虑的问题就会很分散，使你分不清主次，抓不住问题的主线，因此，即使你付出了很大努力，考虑得再缜密，也很难解决问题，你所要做的事情也不能很好地进行。因此，关键的时候收起发散的思维，找到问题的主线，重点击破，问题就会轻易地得到解决。

然而，有些人并不能够做到这一点。当他们思考问题的时候，经常会根据自己的思维方式考虑问题，他们会由自己的思维漫无目的地发散，这样就分散了自己的注意力。一旦注意力分散，就会摸不清方向，像无头苍蝇那样到处乱转。处于盲目状态的你如果不能很好地调整自己，理清思绪，所有的问题都会散如盘沙。不能掌握问题的主线，任由思维散漫，就像支流不能汇入大海一样，会四处泛滥。思维就是如此，如果发散的思维如决堤的海水一样四处漫溢，分散成无数的不断延伸的支流，你就要找出水势最强、最有冲击力的那一条，这就等于找到了问题的主线。此时，你就会把全部精力集中在这条主线上，对它进行重点细致的分析，这时就会发现你所面临的问题就没有想象中的那么繁琐。这就要求你能适时收起发散思维；否则，即使你再用心，付出的努力再多，也会付之东流。

主线贯穿着事情的始终，是事情的关键。思维发散，注意力不集中，思想也会天马行空，不着边际，问题的主线就会模糊不清，事情就得不到根本的解决。收回发散的思维，专注于思考，就能找到问题的主线，集中精力把心思用到思维上，就能使事情得到圆满的解决。